新型农民现代农业技术与技能培训丛书

大豆植保员培训教材

编著者
吕国忠 曲波
陈嵘 邢安 李丹

金盾出版社

内 容 提 要

本书系“新型农民现代农业技术与技能培训丛书”的一个分册，内容包括：大豆植保员岗位职责和素质要求，大豆病虫害防治的基础知识，大豆真菌性病害、病毒性病害、线虫病害、细菌性病害、害虫、生理性病害，大豆田杂草与大豆病虫害的田间调查和综合防治。本书内容丰富，科学性、可操作性强，语言通俗易懂，可作为大豆种植地区相关技术人员培训教材，亦可供广大青年农民及农业院校相关专业师生阅读参考。

图书在版编目(CIP)数据

大豆植保员培训教材/吕国忠等编著．—北京：金盾出版社，2008.6
(新型农民现代农业技术与技能培训丛书)
ISBN 978-7-5082-5109-7

Ⅰ.大… Ⅱ.吕… Ⅲ.大豆-植物保护-技术培训-教材
Ⅳ.S435.651

中国版本图书馆 CIP 数据核字(2008)第 070804 号

金盾出版社出版、总发行
北京太平路 5 号(地铁万寿路站往南)
邮政编码：100036 电话：68214039 83219215
传真：68276683 网址：www.jdcbs.cn
封面印刷：北京 2207 工厂
正文印刷：北京大天乐印刷有限公司
装订：北京大天乐印刷有限公司
各地新华书店经销

开本：850×1168 1/32 印张：4.5 字数：105 千字
2008 年 6 月第 1 版第 1 次印刷
印数：1—10000 册 定价：8.00 元

序　言

中共中央、国务院[2007]1号文件明确指出，加强“三农”工作，积极发展现代农业，扎实推进社会主义新农村建设，是全面落实科学发展观、构建社会主义和谐社会的必然要求，是加快社会主义现代化建设的重大任务。

我国农业人口众多，发展现代农业、建设社会主义新农村，是一项伟大而艰巨的综合工程，不仅需要深化农村综合改革、加快建立投入保障机制、加强农业基础建设、加大科技支撑力度、健全现代农业产业体系和农村市场体系，而且必须注重培养新型农民，造就建设现代农业的人才队伍。

胡锦涛总书记在党的十七大报告中进一步指出，要培育有文化、懂技术、会经营的新型农民，发挥亿万农民建设新农村的主体作用。

新型农民是一支数以亿计的现代农业劳动大军，这支队伍的建立和壮大，只靠学校培养是远远不够的，主要应通过对广大青壮年农民进行现代农业技术与技能的培训来实现。金盾出版社在对农业岗位培训进行广泛调研的基础上，与中国农业大学老科技工作者协会、华中农业大学老教授协会等单位共同策划，约请数百名农业专家、学者参加，组织编写了“新型农民现代农业技术与技能培训丛书”(以下简称“丛书”)。“丛书”坚持从现阶段我国青壮年农民的文化技术水平出发，突出现代农业技术与技能的传授，注重其先进性和实用性；“丛书”以教材形式编写，共有88个分册，涉及81个农业岗位，除水稻农艺工、蔬菜园艺工、蔬菜植保员、果树植保员分南方本和北方本外，其他均为一个岗位一本培训教材，以方便县(市)、乡(镇)、村组织新型农民培训和农业企业进行岗位培训时选用。“丛书”的组编和出版，还得到了河北农业大学、沈阳农业大学、西北农林科技大学、甘肃农业大学、北京农学院、山东畜牧兽医职业技术学院、大连民族学院、中国农业科学院茶叶研究所、中国农业科学院油料研究所、中国农业科学院郑州果树研究所、中国农业科学院特产研究所、中国农业科学院桑蚕研究所、中国养蜂学会、内蒙古自治区农牧科学院、甘肃省蔬菜研究所、山东省果树研究所、广西壮族自治区柑桔研究所、山西省畜牧兽医研究所等单位部分专家、教授的支持和参与，并列入劳动和社会保障部《全国职业培训与技能鉴定用书目录》，进行推荐，使我们深感欣慰，在此表示衷心感谢。我们希望和相信，通过“丛书”的出版发行，能为新型农民队伍的发展壮大贡献一份力量，也能为现代农业技术与技能培训积累一些可供借鉴的经验。

“丛书”编写时间有限，各分册存在不足或错漏在所难免，恳请同仁和各使用单位批评指正。

编委会

2008年1月

目　　录

第一章　大豆植保员的岗位职责与素质要求

一、大豆植保员的岗位职责

大豆植保员是大豆种植者的技术指导员。因此,大豆植保员应该全面了解和掌握大豆生产上经常发生的病、虫、草害的症状和形态特点、发生规律及防治技术,为大豆种植者提供及时的、科学的和实用的防治技术或手段,帮助农民提高大豆种植水平,从而提高大豆产量和品质,促进农业增产和增收。由于大豆生产上发生的病、虫、草害种类繁多,加之各大豆栽培地域的气候条件和生态环境等因素复杂多样,大豆植保员必须具有较丰富的农业知识和生产经验,而且具有较强的综合分析和解决问题的能力,及时和准确地为农民提供大豆病、虫、草害的防治技术指导。

大豆植保员的岗位职责是及时和准确地测报大豆生产上发生的病、虫、草害的发生和危害情况,积极帮助农民正确诊断病、虫、草害,为农民提供科学和有效的防治技术指导。

二、大豆植保员的素质要求

(一)思想素质

大豆植保员要热爱社会主义祖国和拥护中国共产党的领导,要积极贯彻和执行党关于社会主义新农村建设的各项路线、方针和政策。要有吃苦耐劳、乐于帮助农民和为农民服务的精神,努力学习和勤于调查，争取成为农民朋友信得过的致富引路人。

（二）职业技能素质

大豆植保员直接面对的是农民，并为农民提供大豆病、虫、草害的防治技术。因此，大豆植保员要有过硬的业务素质，不但要了解和掌握大豆生产上经常发生的病、虫、草害的种类，发生和流行规律及科学和有效的防治技术，而且要了解大豆的栽培与生理特性。在大豆生产上发生的各种病、虫、草害常是多种因素造成的结果，如感病的大豆品种、适宜的环境条件（如雨水）、大量的有害生物（病原物、昆虫、杂草）及不合适的栽培管理措施等，这些都是造成大豆病、虫、草害能否大发生或流行的关键因素。

大豆植保员要经过严格的职业技术培训，能够掌握较全面的农业科学知识，包括作物栽培学、植物生理学、土壤肥料学、植物病理学、农业昆虫学、昆虫生态学、化学保护学、农业气象学等。要善于将理论知识和实践技能紧密结合起来，养成良好的工作作风，经常深入田间调查，及时掌握大豆病、虫、草害的发生和流行情况，从而才能为农民提供正确的防治技术指导。由于农业生产上经常发生一些在科普读物上难于找到的疑难的病、虫、草害问题。因此，要求大豆植保员及时向有关领导或部门（如农科站或植物保护站等）汇报，或与有关大专院校或科研院所的有关专家联系，以利于及时获得他们的技术指导。

（三）职业道德及相关法规

大豆植保员是为大豆生产和农民朋友服务的专业技术人员，一定要牢固树立良好的职业道德，指导农民优先选用优良的大豆品种、质量合格的化肥和农药，及时为农民朋友提供科学的技术指导。禁止推荐假冒伪劣种子、化肥及农药等不合格的农业生产资料，更不能利用大豆植保员的名义做坑农和害农的事。要优先考虑农民的利益，要向农民朋友介绍最新的优良品种和栽培技术，介绍最新的病、虫、草害防治技术，要积极主动地帮助农民解决大豆生产中的实际问题和提供优质的技术指导，做一名让农民信得过的技术员和让农民致富的朋友。尤其在当前情况下，要教育农民减少或不使用剧毒农药，以减少农药残毒及对土壤和水体的污染，在尽可能的条件下教育农民自觉地生产无公害大豆、绿色大豆或有机大豆，从而提高大豆的质量。

大豆植保员岗位是一项直接与农民打交道、交朋友的工作，在实际工作中，要积极向农民朋友宣传国家和地方政府的有关法律和法规，如国家颁布的《中华人民共和国农业法》、《中华人民共和国种子法》、《中华人民共和国农药管理条例》、《中华人民共和国进出境动植物检疫法》等。要提倡科学，反对封建迷信。通过大豆植保员的辛勤工作，积极推动我国社会主义新农村建设。

第二章　大豆病虫害防治的基础知识

一、大豆病害的基本知识

(一)大豆病害概念

大豆病害是指大豆在生长和发育过程中受到有害生物(真菌、细菌、病毒、线虫等)的侵染或不良的非生物因素(高温、低温、干旱、药害等)的持续干扰,使其正常的生理代谢功能受到破坏,在外观组织结构上产生明显的变化,表现出不正常的生长和发育状态,甚至死亡,从而使大豆的产量和质量受到损失的现象。

引起大豆病害的病原物可分为侵染性病原物和非侵染性病原物。由侵染性病原物引起的常见病害有大豆霜霉病、灰斑病、紫斑病、根腐病、胞囊线虫病、病毒病等。由非侵染性病原物引起的大豆病害有药害、旱害、涝害、冻害等。侵染性病原物具有侵染和传播的特性,在大豆生长季节可反复侵染为害;而非侵染性病原物则不具有侵染和传播特性,往往是一次性的。非侵染性病害通常称为生理性病害。由于大豆在生长发育和繁殖过程中可受到多种因素或病原物的危害,在诊断大豆病害时一定要了解各方面的条件,以便做出正确的诊断,只有这样才能提出科学和有效的防治方法或技术。

(二)大豆侵染性病原物

大豆侵染性病原物是指对大豆具有侵染能力或致病性的微生物或有关生物,引起大豆发生侵染性病害。这些病原物包括真菌、细菌、病毒及线虫。另外，寄生性种子植物也是大豆生产上非常重要的病原物。

1. 真菌　这里介绍的真菌为广义概念的真菌，现在很多人已将其称为“菌物”，以便与植物和动物相对应称呼。

（1）广义概念的真菌　其种类繁多，目前已被描述的约有10万种，它们分别属于真菌界的壶菌门、接合菌门、子囊菌门和担子菌门，藻界的卵菌门、丝壶菌门和网黏菌门，以及原生动物界的根肿菌门、黏菌门、网柄菌门和集胞菌门。

（2）狭义的真菌　通常指真菌界中各个类群的种类。目前已发现的大豆植物病原真菌多数属于真菌界的子囊菌门及其无性型（或叫半知菌），少数属于卵菌门的霜霉菌和腐霉菌，以及担子菌门的丝核菌属（*Rhizoctonia*）。

大豆病害多数是由真菌侵染引起的，对大豆生产危害很大，如大豆霜霉病、灰斑病等是大豆生产上常发性病害，在部分栽培地区危害非常严重。另外，作为我国重要对外检疫对象的大豆疫病已在我国部分地区造成了严重危害，在大豆生产上应给予高度重视。

2. 细菌　细菌是原核生物，单细胞，具有细胞壁和细胞膜，但没有真正的细胞核。除少数细菌为能进行光合作用的自养生物以外，绝大多数细菌是异养的。细菌大都是腐生的，可在人工培养基上培养，其营养方式为吸收式。细菌形态有球状、杆状和螺旋状，个体小，球状细菌的直径一般为0.5～1.3微米（1毫米＝1 000微米），杆状细菌的大小一般为1～3微米×0.5～0.8微米，螺旋状细菌较大，有的可达13～14微米×1.5微米。能运动的细菌具有细长的鞭毛1根至多根，生于细胞一端、两端或周边，这些特征都是分类特征。细菌形态非常小，通常需要借助显微镜或电子显微镜才能观察清楚其形态结构。

在大豆生产上发生的细菌性病害种类是有限的，如常见的有细菌斑点病、细菌角斑病、细菌斑疹病，它们的危害性一般也不重。

在田间湿度大时，由病斑处可溢出菌脓，干燥后成菌痂状。在田间诊断病害时，若病斑不典型或病斑上没有霉层，而怀疑是细菌病害时，可采用简易的诊断方法，即剪取一小块带有病健交界处的病叶(0.5 厘米×0.5 厘米)放在干净的载玻片上，滴加一滴清水，加上盖玻片或载玻片，轻轻压一下，然后对着阳光进行观察，若是细菌引起的病害，则可看到有细菌菌体从病健交界处溢出，呈“雾”状，形成所谓的“菌溢”现象。

3. 病毒 病毒是非细胞形态的微生物，没有细胞壁和细胞膜，是由核酸和外面的蛋白质衣壳组成的生命体。一个完整的病毒称为病毒粒体。病毒粒体的形状、大小、结构差别较大，其个体非常小，在光学显微镜下观察不到。高等植物病毒的粒体主要有杆状、线状和球状 3 种类型。线状病毒粒体一般长 480～1 250 纳米(1 微米＝1 000 纳米)，宽 10～13 纳米；杆状病毒粒体一般长 130～300 纳米，宽 15～20 纳米；球状病毒粒体的直径一般在 16～80 纳米。多数植物病毒的核酸为核糖核酸(RNA)，少数为脱氧核糖核酸(DNA)。

植物病毒都是活体寄生的，必须依赖活的寄主植物才能繁殖。植物病毒没有主动侵入寄主细胞的能力，也不能从植物的自然孔口侵入，通常经过介体或非介体进行传播。植物病毒在植株间的传播主要通过昆虫介体，有些植物病毒还可通过土壤中的线虫、真菌及螨虫等进行传播。因此，在生产上可采用防治昆虫的办法来防治植物病毒病。非介体传播的植物病毒主要通过机械传播(如整枝、打杈、摘心、绑架等田间操作，使病株的汁液通过机械造成的微伤进入健康植株体内使其发病)、种子(包括块茎、球茎、鳞茎和花卉苗木等)和花粉传播、嫁接、菟丝子传播等方式。

尽管在大豆生产上发生的植物病毒病种类不多，但一般发生和危害较重，如大豆花叶病毒病一直是大豆生产上经常发生的病害，是影响大豆产量和品质的重要因素。

4. 线虫 线虫又称蠕虫，是低等动物，广泛分布于土壤、海水和淡水中，有的是人和动物的寄生物。而植物寄生线虫也是引起植物病害的重要病原物，几乎每种植物上都有线虫为害。植物寄生线虫个体较小，长为 0.3～1 毫米，也有长达 4 毫米的，宽为 0.015～0.035 毫米。植物寄生线虫体壁呈半透明状，一般肉眼不易观察，通常采用显微镜进行观察。

植物寄生线虫的生活史简单，包括卵、幼虫和成虫 3 个阶段，幼虫包括 4 个龄期。一般线虫的雄虫和雌虫体形态都为线形的，但部分线虫的雌虫形态则不同于雄虫，而雌虫体膨大呈柠檬形、梨形等。有些种类线虫的雌虫在成熟后将一部分卵排在体外胶质的卵囊中，另一部分还保存在体内，体壁角质层变厚、褐化，这种内部具有卵的雌虫称为胞囊。线虫可以幼虫、卵和胞囊等形态休眠或越冬，如大豆胞囊线虫主要以胞囊形态在土壤中越冬。

植物寄生线虫都是专性寄生物，只能在活的植物体上取食和繁殖，在植物体外就依靠它体内贮存的营养生活。一般来讲，多数植物寄生线虫大部分时间生活在土壤中，但在土壤中的主动活动范围非常有限，很少超过 30～100 厘米，但可借助雨水和种子等进行传播。通气性良好的砂壤土最利于线虫的生长和繁殖。

在大豆上发生的线虫病种类不多，但危害却非常严重，如大豆胞囊线虫病是多数地区大豆生产上的头号病害，而且缺少有效防治措施。

5. 寄生性种子植物 大多数植物为自养生物，它们能够利用叶绿素进行光合作用而合成自身生长发育所需要的各种营养物质，并自行吸收水分和矿质营养。然而，有少数植物因叶绿素缺乏或根系、叶片退化而必须寄生在其他植物上以获取营养物质，故称为寄生性植物；同时，这类寄生性植物多数为高等的双子叶植物，可以开花结籽，故又称为寄生性种子植物。如菟丝子、列当、桑寄生等，其中菟丝子是大豆生产上非常重要的寄生性种子植物。

引起大豆病害的病原物种类多，而且寄生性或致病性有很大差异。有的病原物是腐生性病原物，有的是专性寄生物。腐生性病原物主要营腐生生活，通常引起腐烂症状，如大豆根腐病菌主要发生于大豆的根际，引起根际腐烂坏死，在没有大豆活体植株的情况下，以腐生状态在土壤中生活。寄生性病原物主要营寄生生活，通常要在活体寄主植物上才能生长和繁殖，如大豆病毒在生长季节需要在活体植株上危害，在非生长季节则随种子越冬。实际上，许多大豆侵染性病原物是兼性寄生物或兼性腐生物，即其兼具有寄生性和腐生性，只是其程度不同。

(三)大豆病害诊断

由于大豆病害种类多，而且发病原因复杂，因此诊断大豆病害并不是一件容易的事情。如果大豆病害发生的症状典型，则比较容易诊断。否则，就要进行深入和全面地分析才能获得正确的诊断结果。一般来讲，大豆叶部病害比较容易诊断，而根部病害和生理性病害的诊断相对困难，这主要是因为致病的原因复杂。

1. 大豆叶部病害 通常在叶片上形成典型的病斑症状，如病斑的颜色、形状以及病斑有无轮纹或病斑上产生病原菌的繁殖结构等，往往是一些叶部病害的症状特点，一般比较容易诊断和识别。如大豆霜霉病通常在叶片正面形成多角形病斑，而在叶背产生灰白色霉层；大豆黑斑病通常在叶片上产生褐色、带同心轮纹和生有黑色霉层的病斑；大豆轮纹病则在叶片上形成褐色、微带同心轮纹和生有小黑点的病斑。

2. 大豆根部病害 通常是全株性发生的病害，往往通过叶片和茎秆来表现症状。如大豆胞囊线虫病首先表现在叶片黄化和植株矮小，拔出病根可见根系上生长有乳白色的球状物(线虫的雌虫胞囊)；大豆枯萎病首先使植株叶片自下而上变黄萎蔫，最后枯死，剖开茎秆可见髓部变褐坏死。一般来讲，如果大豆植株叶片呈现系统性或全株性叶片黄化、萎蔫或枯死症状，通常需要检查根部，观察根部有无异常或病症或病状。

3. 大豆茎部病害　一般容易识别，茎部症状特点都比较典型。如大豆黑点病常在茎秆上产生长的纵向排列的小黑点；大豆茎枯病常在茎秆上产生一块块黑色长条斑。但有些茎部病害不易识别，如大豆疫病易于与其他病害相混淆，故在诊断时常需要进行病原物的检查才能确定。

4. 大豆生理性病害或非侵染性病害　一般不易诊断，往往需要在田间进行细致调查和分析，如施用的肥料和农药的种类和数量（或浓度），以及上茬作物管理水平（如有无使用除草剂）等管理因素。药害和肥害是农作物生产上经常发生的问题，一般被误认为是侵染性病害。遇到这种情况时，一定要深入细致地排查各种可能的因素，只有这样，才能得出正确的诊断结论。

此外，由于引起大豆病害的病原物种类不同，其症状特点也有不同。例如，大豆真菌性病害常在病部形成霉状物或粉状物，如大豆白粉病则在叶片上形成白色粉状物；大豆细菌性病害常在叶片上产生多角形病斑，当湿度大时常在病斑上产生脓状物，干燥时则产生菌痂；大豆病毒性病害常是系统性发生的病害，即引起植株全部叶片或有关组织表现症状，如系统性黄化、畸形或顶梢坏死等；大豆线虫病害则多引起全株表现植株矮化或叶片黄化等症状，而在根系产生结节状物或球状物，即线虫的繁殖体。

二、大豆害虫的基本知识

（一）昆虫的形态及发育

1. 昆虫的体躯和体节　昆虫的体躯由一系列环节组成，每一个环节称为 1 个体节，昆虫的体躯一般由 18～20 个体节组成。

为保护内脏和虫体运动的需要，昆虫的体壁常常硬化，形成骨片，但是体节之间仍然存在着未经骨化的柔软的节间膜，用来增加体躯的活动性。由于附肢的演变和肌肉的相应发展，昆虫的体节分别形成具有不同功能的3个体段，即头部、胸部和腹部。昆虫有些体节的侧面着生有成对分节的附肢，附肢的原始功能是运动器官，但在各种昆虫中，已演化成不同功能的器官，如昆虫头部的触角、口器，胸部的翅、足，腹部的外生殖器的一部分和尾须等。

为了描述昆虫各部分的相对位置，通常将昆虫一定的体躯部分作为定向的基础，按照体躯各部分的位置和方向，分为以下6个体向：①头向。与头部的方向一致，与体躯纵轴相平行。②尾向。与尾部的方向一致，与头向相反。③中向。向着虫体中轴的方向，与体躯纵轴相垂直。④侧向。与中向相反，背离体躯中轴方向。⑤背向。向着虫体背面的方向，背向朝上。⑥腹向。向着虫体腹面的方向，腹向朝下。

除上述体向外，在形态描述中也常用到下列部位及名称：①基部和端部。昆虫的附器和外长物，将其靠近虫体的部分作为基部，远离虫体的部分为端部。甲虫类的鞘翅则以靠近前胸内的部分为基部，远离前胸的部分为端部。②外边和内边。昆虫的体部和附器，凡与体躯纵轴比较接近的一边称为内边，与体躯纵轴较远的一边称为外边。③前缘和后缘。昆虫的体部和附器与体躯纵轴垂直的部分，离头部较近的一方为前缘，离头部较远的一方为后缘。④纵或长、横或阔。昆虫的体部和附器凡与体躯纵轴平行的称纵或长，与体躯纵轴垂直的称横或阔。

2. 昆虫的头部 头部是昆虫身体最前面的第一个体段，由数个体节组成，体壁硬化形成坚硬的头壳，通常呈圆形或椭圆形。昆虫的头部着生有用于取食的口器，还具有感觉功能的1对触角、1对复眼和0～3只单眼，故头部是昆虫感觉和取食的中心。

昆虫的主要感觉器官大都着生在头部，其中最主要的是触角、复眼和单眼。触角的功能主要是嗅觉和触觉，有的也有听觉作用。在触角上有许多嗅觉器，使昆虫能嗅到各种化学物质从不同距离散发出来的气味，借以觅食、聚集、求偶和寻找适当的产卵场所等。

(1)触角　大致可分为下列基本类型：①刚毛状触角。很短小，基部1～2节稍粗，类似刚毛，如蝉、蜻蜓等的触角。②丝状或线状触角。细长如丝，向端部逐渐变细，如蝗虫、天牛等的触角。③念珠状或串珠状触角。各节大小相似，近于球形，整个触角形似一串念珠，如白蚁等的触角。④锯齿状或锯状触角。除基部各节向一侧突出成无数个小三角形，整个触角形似锯条，如芫菁和叩头虫雄虫的触角。⑤栉齿状或梳状触角。除基部各节向一侧突出成梳齿，形状如梳子，如绿豆象雄虫等的触角。⑥羽状或双栉齿状触角。除基部各节向两侧突出成细枝状，形如篦子或羽毛，如大蚕蛾、家蚕蛾等的触角。⑦膝状或肘状或曲肱状触角。基部与端部之间呈膝状或肘状弯曲，如胡蜂、象甲等的触角。⑧具芒状触角。短，一般为3节，端部一节膨大，其上有一刚毛状的构造，称为触角芒，芒上有时还有许多细毛，如蝇类的触角。⑨环毛状触角。除基部两节外，各节环生一圈细毛，愈靠近基部的细毛愈长，渐渐向端部逐减，如蚊类的触角。⑩球杆状或棍棒状触角。基部若干节细长如丝，端部数节渐膨大如球，如蝶类的触角。⑪锤状或类似球杆状触角。端部数节突然膨大，末端平截，形状如锤，如瓢甲等的触角。⑫鳃叶状触角。端部数节(3～7节)延展成薄片状叠合在一起，状如鱼鳃，如金龟类的触角。

此外，有些昆虫，特别是其幼虫的触角构造十分简单，有的退化(如蝇蛆)；还有一些昆虫的触角属于中间类型或形状特殊，应视具体情况而描述。

(2)口器　是昆虫的取食器官。各种昆虫因食性和取食方式不同，形成了不同的口器类型。取食固体食物的为咀嚼式口器，取食液体食物的为刺吸式口器。此外，还有兼食固体和液体2种食物的嚼吸式口器。其中，咀嚼式口器是最基本、最原始的类型，其他类型都是由咀嚼式口器演化而来的。昆虫的口器类型不同，为害方式也不同，因此，采用防治害虫的方法也就不相同。例如，咀嚼式口器的昆虫取食固体食物，咬食植物各部分组织，造成机械损伤。如蝗虫、黏虫等咬食叶片、茎秆，造成寄主植物残缺不全，甚至把庄稼吃成光秆；有的将叶片咬成许多孔洞，或仅剥食叶肉而留下叶脉，如叶甲；有的吐丝缀叶潜居其中为害，如卷叶蛾、螟蛾；有的蛀入树干边材或木质部，蛀成各种形状的"隧道"，如天牛、吉丁虫等。对于蛀茎、潜叶或蛀果等钻蛀性害虫，因只是短时间暴露在外，故施药时间应掌握在害虫蛀入之前；对于地下害虫，一般使用毒饵、毒谷，使之和食物一起吞下，导致它们死亡。

3. 昆虫的胸部　胸部是昆虫的第二个体段，位于头部之后，由 3 个体节组成，依次称为前胸、中胸和后胸。每个胸节的侧腹面分别着生有 1 对足，即前足、中足和后足。大部分昆虫在中、后胸的背侧面各着生有 1 对翅，分别称为前翅和后翅，所以胸部是昆虫的运动中心。

昆虫常见的胸足的类型有以下几种：①步行足。是昆虫中最普通的一类胸足。一般比较细长，适于步行，没有显著的特化现象。②跳跃足。多为后足特化，用于跳跃，如蝗虫的后足。③开掘足。形状扁平、粗壮而坚硬，状似钉耙，适于掘土，如蝼蛄、金龟子等的前足。④捕捉足。形似铡刀，用以捕捉猎物，如螳螂的前足。⑤携粉足。是蜜蜂类用以采集和携带花粉的构造，由工蜂后足特化而成。⑥游泳足。多见于水生昆虫的中、后足，呈扁平状，生有较长的缘毛，用以划水，如龙虱等的后足。⑦抱握足。为雄性龙虱所特有。⑧攀悬足。为虱类所特有。

此外，蜂类的前足尚有清洁触角的净角器。

昆虫的翅通常呈三角形，具有 3 边和 3 角，其主要作用是飞行，一般为膜质。但不少昆虫由于长期适应其生活环境，前翅或后翅发生了变异，质地也发生了相应变化。因此，翅的类型是昆虫分目的重要依据之一。昆虫翅的主要类型有以下几种：①膜翅。其质地为膜质，薄而透明。如蜂、蜻蜓的前、后翅；甲虫、蝗虫等的后翅。②复翅。其质地较坚韧似皮革，不司飞翔作用，平时覆盖在体背和后翅上，有保护作用。蝗虫等直翅目昆虫的前翅属此类型。③鞘翅。其质地坚硬如角质，不司飞翔作用，用以保护体背和后翅。甲虫等鞘翅目昆虫的前翅属此类型。④半鞘翅。其基半部为皮革质，端半部为膜质。蝽类等半翅目的前翅属此类型。⑤鳞翅。其质地为膜质，但翅面上覆盖有密集的鳞片。如蛾、蝶类等鳞翅目的前、后翅。⑥毛翅。其质地为膜质，但翅面上覆盖一层较稀疏的毛，如石蛾等毛翅目昆虫的前、后翅。⑦缨翅。其质地为膜质，翅狭长，在翅的周缘缀有很长的缨毛，如蓟马等缨翅目的前、后翅。⑧平衡棒。双翅目昆虫和雄蚧的后翅退化，形似小棍棒状，无飞翔作用，但在飞翔时有保持体躯平衡的作用。捻翅目雄虫的前翅也呈小棍棒状，但无平衡体躯的作用，称为拟平衡棒。

昆虫静止时，翅放置的位置一般有 3 种形式：一是翅平展于身体两侧，与飞行时相同，这种放置方式能使昆虫随时起飞，不需要做准备工作；二是左、右翅背面互相叠合，竖立于身体背面；三是 2 对翅向后，前翅盖于后翅之上，平放体背或作屋脊状斜覆背侧。翅能沿体折叠，后翅甚大者，能作纵折，甚至再横折 1～2 次置于前翅之下。

4. 昆虫的腹部　昆虫的腹部是体躯的第三个体段，紧连于胸部之后，通常由 9～11 个体节和尾节组成。昆虫的消化、排泄、循环和生殖系统等主要内脏器官大部分位于腹腔内，腹部后端还生有生殖附肢，因此，腹部是昆虫代谢和生殖的中心。

昆虫的腹部多为纺锤形、圆筒形、球形，扁平或细长。成虫腹节均由次生分节形成，后一节的前缘套叠在前一节的后缘内。节间膜和背、腹板之间的侧膜都比较发达，因此，能伸缩自如，并可膨大和缩小，以帮助呼吸、蜕皮、羽化、交尾、产卵等活动。有些昆虫节间膜具有较大韧性，如蝗虫产卵时腹部可延长几倍借以插入土中。此外，有些昆虫腹部着生有尾须，部分昆虫幼虫具有腹足等。

5. 昆虫的发育 昆虫的发育大致分为如下 3 种类型。

(1)无变态 若虫与成虫除了大小、生殖方面外没有其他差别。一般从若虫长大到成虫蜕皮次数较多，到成虫后仍然继续蜕皮生长如衣鱼、石蚋等。

(2)不完全变态 这类可以细分为 2 类(渐变态与半变态)：①渐变态。若虫与成虫的形态结构与生活环境基本相似(除了大小、生殖器官、翅)，如蝗虫、螳螂、蠼螋等。②半变态。若虫与成虫在形态结构和生活环境上有点差别，而且这类昆虫的若虫到成虫大多需要将近 2 年甚至更多的时间，如蜻蜓、蝉、蜉蝣等。

(3)完全变态 幼虫与成虫在形态结构上有很大差别，有些种类在取食上也有差别，这类昆虫比前两类多了 1 个休眠期(蛹)。蛹是从幼虫发育到成虫的一个重要环节，蛹期虽然不大活动，但内部却发生着惊人的变化，蛹期过后成虫就会羽化出来，如蝶、蜂、蝇等。通常将蛹分为 3 种类型：裸蛹(蜜蜂、天牛、草蛉等)、被蛹(蛾、蝶、瓢虫等)、围蛹(蝇、蚊、泥蜂等)。

(二)常见目、科的害虫

1. 直翅目(Orthoptera) 该类昆虫体小型至大型，口器为典型的咀嚼式；翅通常 2 对，因前、后翅的纵脉直而得名。前翅窄长，加厚呈皮革质，称为覆翅，后翅膜质、扇形，翅脉直；尾须发达，雌虫具发达的产卵器，雄虫多数能发声，前足或腹部第一节常有鼓膜听器。渐变态，若虫多为 5 龄。产卵方式多为隐蔽式，如蝗虫、蝼蛄、蟋蟀产卵于土中，螽斯产卵于植物组织中。普遍存在雌雄二型现象，雌虫体大而雄虫体小。包括蝗虫、蚱蜢、螽斯、蟋蟀、蝼蛄、蚤蝼等。除少数为肉食性，捕食其他昆虫外，绝大多数为植食性，许多种类是农、林、园艺等的重要害虫。

蝗科(Locustidae)　蝗科昆虫种类繁多,有5 000种左右。触角丝状,短于体;产卵器锥状,产卵于土中;尾须短;听器着生在腹部第一节两侧。多食性,贪食;个别种有群集迁飞习性,如东亚飞蝗、稻蝗等。

2. 半翅目(Hemiptera)　该类昆虫因前翅为半翅而得名。学名椿象,俗称臭屁虫,亦称为蝽。大部分成虫前翅基半部革质,端半部膜质,为半鞘翅,多具嗅腺;口器刺吸式,喙基部着生在头前方;触角一般发达,4～5节,但在水生类群中很短,藏于头部腹面的凹陷内;足3对,一般为步行足。渐变态,若虫多5龄;卵产于植物组织中,卵肾形(盲蝽);或产于植物表面,卵鼓形(板须蝽)。一些种类取食植物,是农林害虫;有些种类捕食其他昆虫,为益虫;少数种类吸食血液,传播疾病,是卫生害虫。

(1)盲蝽科(Miridae)　多数为小型种类。触角4节,单眼无。盲蝽科昆虫有植食性的,也有捕食性的。

(2)缘蝽科(Coreidae)　体一般较窄,两侧缘略平行。触角4节,喙4节。

(3)蝽科(Pentatomidae)　体小型至大型。触角5节,通常具2单眼,喙4节。蝽科是一个很大的科,包括很多农业害虫。

3. 同翅目(Homoptera)　该目昆虫前翅质地相同(与半翅目相对应),故称同翅目。广泛分布于世界各地,世界已知45 000多种,中国已知3 000多种,是昆虫纲中较大的1个类群。体小型至大型,形态变化较大,口器为刺吸式;触角短,刚毛状、线状或念珠状;前翅质地均匀,膜质或革质,休息时常呈屋脊状放置,有些蚜虫和雌性介壳虫无翅,雄性介壳虫后翅退化呈平衡棒,雌虫常有发达的产卵器。包括蝉、沫蝉、叶蝉、角蝉、蜡蝉、飞虱、木虱、粉虱、蚜虫和介壳虫。

(1)蚜科(Aphididae)　为小型多态昆虫,同种间有无翅和有翅型。触角 3～6 节,感觉器圆形,少有椭圆形。腹部常有腹管,末节背板和腹板分别形成尾片和尾板。如有翅,则前翅比后翅大,前翅有翅痣。其生殖方式有两性生殖与孤雌生殖,卵生或卵胎生。蚜虫刺吸植物汁液,引起植物发育不良,排泄蜜露,引起霉菌孳生,并能传播植物病毒病,是最重要的农林害虫类群之一;倍蚜的虫瘿五倍子是重要的工业和药用原料。

(2)叶蝉科(Cicadellidae) 体长 3～15 毫米。单眼 2 个,少数种类无单眼。后足胫节有棱脊,棱脊上有 3～4 列刺状毛,后足胫节刺毛列是叶蝉科的最显著的识别特征。该科昆虫不仅为害农作物,而且还传播植物病毒病。常见的有大青叶蝉等。世界已知近 20 000 种,我国已记载约 1 000 种。

4. 鞘翅目(Coleoptera) 其前翅鞘质、坚硬,状似古代武士所披的甲胄,故俗称为甲虫。鞘翅目是农业上最重要的害虫类群之一,全世界已知 35 万种以上,为昆虫纲第一大目。甲虫一般为步行足。但由于生活习性的不同,足在功能和形态上有很多变化。完全变态,一生经过卵、幼虫、蛹、成虫等 4 个虫态。但芫菁、大花蚤等为复变态,幼虫经历蛃型、蛴螬型和拟蛹几个时期。绝大多数两性生殖,也有孤雌生殖、幼体生殖和卵胎生等。一般每年 1～4 代,或数年 1 代,仓库害虫几乎可全年繁殖,极少数天牛可生活 25～30 年。多数种类以成虫越冬,少数种类以幼虫或卵越冬。鞘翅目昆虫食性复杂,大致可分为植食性、捕食性、腐食性、粪食性、尸食性和寄生性。甲虫多数种类有假死性,受惊时会立即收缩全部附肢,身体和足变得僵直而坠落到地面,甲虫用这一习性可躲避敌害。

(1)金龟科(Scarabaeidae) 成虫触角为鳃叶状,前足呈半开掘式,体近椭圆形,略扁,体壁及翅鞘高度角质化、坚硬。幼虫蛴螬型,统称蛴螬,身体乳白色,弯曲呈“C”形,肥大、柔软、多皱,腹部末节腹面具有由钩状、针状及短锥状刚毛组成的覆毛区或排列整齐的尖刺列（对刺列）。多数种类成虫和幼虫均为植食性，成虫在地上部为害，幼虫是一类重要的地下害虫。少数种类的成虫和幼虫均为粪食性或腐食性。

（2）拟步甲科（Tenebrionidae）　小型至大型，体扁平，多为黑色或暗棕色。头部较小，与前胸密接。口器发达；触角11节，多为丝状、棒状或念珠状；后翅多退化，不能飞翔。幼虫与叩头甲科相似，故称伪金针虫。有些种类属仓库害虫，为害贮粮或面粉等，有的种类为害农作物。常见种类如网目拟地甲、黄粉虫等。

（3）叶甲科（Chrysomelidae）　小型至中型，体圆、椭圆或圆柱形，成虫多具艳丽的金属光泽，因而又称为金花虫。触角短，一般11节，个别9或10节，丝状或近似念珠状。复眼圆形。某些种类后足特化成跳跃足。幼虫伪蠋形，腹足呈退化状。成虫和幼虫均为植食性，取食植物的根、茎、叶、花等部位，许多种类对农、林、果、蔬菜造成严重危害。常见的种类黄曲条跳甲为害十字花科蔬菜等。

（4）象甲科（Curculionidae）　通称象鼻虫。小型至大型。头部向前方延长的长短不一，口器着生于头管端部。触角膝状，10～12节，末3节膨大呈锤状。幼虫体软，肥胖而弯曲，无足。成虫和幼虫均为植食性，食叶、钻茎、蛀根或种子，如玉米象。

（5）芫菁科（Meloidae）　体中型，体壁及鞘翅柔软。头部与体轴垂直，在复眼后方急剧收缩，呈颈状。触角一般11节，丝状、念珠状或锯齿状，雄虫触角中部数节常膨大。前胸狭，两翅鞘末端分开，不在中缝相遇。腹部可见6节腹板。复变态。幼虫为寄生性或捕食性，在地下捕食蝗卵或寄生于蜂巢内；成虫植食性，多为害豆科植物。本科昆虫能分泌芫菁素，有起泡和利尿等作用，近年在临床上试用于治疗某些癌症。本科已知2 300种以上，多数生活于半干旱地区，如我国新疆有41种，内蒙古有16种。常见种类有豆白条芫菁。

5. 双翅目(Diptera)　该目以前、后翅均为膜质而得名，包括各种蜂和蚂蚁。全世界已知 10 万种以上，估计至少有 25 万种。大多数为捕食性或寄生性，是重要的天敌和传粉昆虫，只有少数为植食性。口器一般为咀嚼式，但在高等类群中为嚼吸式；雌虫产卵器发达，锯状、刺状或针状，在高等类群中特化为螯针。完全变态，离蛹，多有茧或巢。植食性（食叶、蛀茎）、寄生性（赤眼蜂、蚜茧蜂）和捕食性（胡蜂）。两性生殖（卵生）、孤雌生殖现象较普遍，多胚生殖较普遍，一些种类具有多型现象，如蜜蜂、蚂蚁。从人类的经济观而言，膜翅目是昆虫纲中最有益的目之一。

潜蝇科（Agromyzidae）　微小型至小型。多数为黄、绿或淡黑色，活泼。单眼，触角芒光裸或具细毛，着生于第三节背面基部。翅宽，腹部扁平，雌虫第七节长且骨化，不能伸缩。幼虫蛆形，潜叶为害，残留上下表皮，造成各种形状的隧道，有不少为害农作物的种类。如豌豆潜叶蝇等。

6. 鳞翅目(Lepidoptera)　鳞翅目昆虫的口器为虹吸式（幼虫咀嚼式），体翅上密被鳞片，完全变态，蛹为被蛹。鳞翅目包括所有的蛾和蝶，是昆虫纲中的第二个大目，全世界约有 14 万种，我国 8 000 多种，其中蛾类 6 000 种，蝶类 2 000 种。虽然没有鞘翅目多，但从经济价值上讲，该目昆虫造成的危害大于鞘翅目，是农林害虫最多的一个目。如黏虫、稻纵卷叶螟、小地老虎等。

(1)夜蛾科（Noctuidae）　为鳞翅目中最大一科，包括 2 万多种，其中很多种类为害农作物。体中型至大型，粗壮多毛，体色灰暗。触角丝状，少数种类的雄性触角羽状。单眼 2 个。胸部粗大，背面常有竖起的鳞片丛。前翅颜色一般灰暗，多具色斑，后翅多为白色或灰色。幼虫体粗壮，光滑，少毛，色较深。腹足通常 5 对（其中的 1 对臀足发达），但也有少数种类仅为 4 对或 3 对，即第三腹节或第三、第四两个腹节的腹足退化。卵多数为圆球形或略扁。绝大多数幼虫植食性，大部分有暴食性，为害方式多种多样，有的钻入地下为害，咬断植株根茎、幼苗，如地老虎类；有的蛀茎或蛀果为害，如棉铃虫；有的则暴露在寄主表面为害，如黏虫等。成虫均在夜间活动，趋光性强，多数种类对糖、酒、醋混合液表现较强的趋向性。少数种类喙端锋利，能刺破成熟的果实。

(2)螟蛾科(Pyralidae) 为鳞翅目中的一个大科，全世界已记载约1万种，我国已知1 000余种，许多种类为农业上的重要害虫。成虫小型至中等大小，身体细长，脆弱，腹部末端尖削。有单眼，触角细长，足通常细长，前翅呈长三角形。幼虫体细长，前胸气门前片有2根毛。重要种类如玉米螟、稻纵卷叶螟、桃蛀螟、豇豆野螟等。

(3)尺蛾科(Geometridae) 本目包括1万多种，其中我国200多种。成虫体纤细，翅宽大而薄，鳞毛少，外缘有的凹凸不齐。幼虫在土中化蛹，有暴食性，腹部只有2对腹足，爬行时一屈一伸，似人用手量尺度一样，故称尺蠖，如枣尺蠖。

(4)灯蛾科(Arctiidae) 与夜蛾科体形相似，但体色鲜艳，通常为红色或黄色，且多具条纹或斑点。成虫触角丝状或羽状，具趋光性，多在夜间活动。幼虫体上具毛瘤，生有浓密的长毛丛，毛的长短比较一致，中胸在气门水平上具2～3个毛瘤，常为害棉花、禾谷类作物、蔬菜和果树等。卵圆球形，表面有网状花纹。蛹有丝质茧，茧上混有幼虫体毛。

(5)毒蛾科(Lymantriidae) 体中型而粗壮，胸、腹部及前足多毛。口器退化，触角羽状，无单眼，很多种类雌虫腹末有成簇的鳞毛。幼虫被毒毛，毛长短不齐，生于第一至第八腹节的毛瘤上，腹部第六、第七或第七、第八节背面中央各具1翻缩腺。多为害果树和林木。如舞毒蛾等。

(6)粉蝶科(Pieridae) 中等大小的蝶类。多为白色或黄色，具黑色的缘斑，少数种类有红色斑点。前翅三角形，后翅卵圆形。卵弹形或宝塔形，直立而长，上端较细。幼虫圆柱形，细长，表面有很多小突起及次生毛。颜色单纯，绿色或黄色，有时有纵线。头较大。身体每节分为4～6环。蛹为缢蛹，前半段粗，多棱角，后半段瘦削。主要为害十字花科、豆科、蔷薇科等植物，如菜粉蝶等。

(7)卷蛾科(Totricidae)　中型或小型，多为褐、黄、棕、灰等色，并有条、斑纹或云斑。前翅略呈长方形，前缘弯曲，有的种类雄虫前缘向反面折叠。静止时，两前翅平叠在背上，合成钟状。除头部有竖立的鳞毛外，身上的鳞片平贴。幼虫圆柱形，体色多为不同浓度的绿色，有的呈白色、粉红色、紫色或褐色。前胸气门前的骨片有3毛。肛门上方常有臀栉。常见种类有苹果小卷叶蛾等。

(8)灰蝶科(Lycaenidae)　小型蝶类。翅色有蓝、绿、青铜等色，带金属光泽。幼虫大都植食性，少数能捕食蚧或蚜。

(三)常见大豆害虫的天敌

在自然条件下有许多天敌昆虫制约着大豆害虫的发生和为害。然而，在生产上由于乱施化学农药，常在杀死害虫的同时，也大量杀死了天敌昆虫，故使天敌昆虫对大豆害虫的可持续控制的平衡被破坏，常导致大豆害虫的再猖獗。创造适宜天敌昆虫发生和繁殖的有利条件，可实现对大豆害虫的可持续控制。

在大豆田间常见的捕食性天敌主要有瓢虫、草蛉和食虫蝽等。其中，草蛉类以丽草蛉和中华草蛉为主，其他还有大草蛉和叶色草蛉等。瓢虫类以龟纹瓢虫为主，其他还有七星瓢虫、异色瓢虫、二星瓢虫和黑襟毛瓢虫等。食虫蝽类以小花蝽和华姬蝽所占比例最大，其他有蜀蝽、大眼蝉长蝽和食虫齿爪盲蝽等。此外，捕食性天敌还有食蚜蝇、食蚜虻、螳螂和蜻蜓等。常见的寄生性天敌昆虫以寄生蜂和寄生蝇为主要类群，如赤眼蜂、蚜茧蜂等。另外，大豆害虫的天敌还包括一些昆虫的寄生真菌(如蚜霉菌等)、细菌、病毒、线虫及鸟类、蛙类等。

三、常用农药及器械

(一)杀虫剂

杀虫剂是防治农业、林业害虫及病媒昆虫的农药。杀虫剂施用后,必须进入昆虫体内到达作用部位才能发挥毒效。我国杀虫剂的研究是从新中国成立以后逐步建立和发展起来的,新中国成立前,我国仅有少量无机杀虫剂及其天然产物。20 世纪 70 年代后,常见的除有机磷、有机氯杀虫剂外,其他类型的杀虫剂以及拟除虫菊酯类农药相继在我国投入生产,使我国的杀虫剂形成了门类和品种较为齐全的新格局。其中,防治大豆害虫常用的杀虫剂有 2%杀螟松粉剂、2.5%功夫乳油、2.5%敌百虫粉、5%西维因粉、10%除虫精乳油、10%吡虫啉(蚜虫光、一遍净、蚜虱净)、20%氰戊菊酯乳油、2.5%溴氰菊酯乳油、25%辉丰快克乳油、25%快杀灵乳油、30%桃小灵乳油、40%乐果乳油、50%杀螟松乳油、50%或75%辛硫磷乳油、80%敌敌畏乳油、90%敌百虫晶体等。此外,常用的杀虫剂还有速克毙乳油、阿维菌素、锐宁、生物农药 Bt 乳剂、青虫菌、杀螟杆菌、灭杀毙乳油、比丹、捕快等。

(二)杀螨剂

杀螨剂是指用于防治植食性有害螨类的化学药剂。一个理想的杀螨剂应具有很强的杀伤作用,可以防治螨类的各个虫态。同时,杀螨剂应该对作物安全,对高等动物安全且能保护天敌,又不会造成对环境的污染。常用杀虫剂中的许多品种都具有杀螨活性,常见的杀螨剂有 20%螨克乳油、5%卡死克乳油、73%克螨特乳油等。

(三)杀 菌 剂

杀菌剂是用于防治植物病害的化学农药。使用的杀菌剂除对病原生物具有毒杀或抑制作用外,还必须和杀虫剂一样要求对人、畜及其他有益生物及作物是安全的,也不会污染环境。在实际应用时,杀菌剂比杀虫剂更要注意对作物的药害问题。常见的杀菌剂有 50%或 70%甲基托布津可湿性粉剂、50%多菌灵可湿性粉剂、65%代森锌可湿性粉剂、40%菌核净可湿性粉剂、50%速克灵可湿性粉剂、25%施保克乳油、甲霜灵·锰锌、农用链霉素、波尔多液、50%福美双可湿性粉剂、75%百菌清可湿性粉剂等。

(四)杀线虫剂

许多线虫对农作物的为害是极其严重的,使用杀线虫剂防治植物线虫,可在短期内迅速控制线虫群落,故杀线虫剂使用后作物增产效果显著,而且许多杀线虫剂有兼治地下害虫和杂草的作用。但是,杀线虫剂防治成本高,且一般毒性较大,常有环境污染问题,因此,植物线虫病的防治不能单靠化学药剂,必须制订综合治理的措施。常见的杀线虫剂有 2.5%涕灭威乳剂、3%呋喃丹颗粒剂、10%克线磷颗粒剂等,主要随大豆播种时施入土壤或进行种子包衣处理。

(五)除 草 剂

除草剂是防治田间有害杂草的化学农药。杂草和农作物争光、争肥、争空间,它们严重地影响农作物的产量与质量。化学除草由于具有高效、快速、经济的优点,已成为农业高产、稳产的重要保障。近 20 年来,全世界除草剂的产量和品种的增长速度已超过了杀虫剂与杀菌剂的总和。为了提高除草剂的防除效果,避免药害产生,创造有利的环境条件,或避开不利环境条件,或选择适宜施药的方法是必要的。目前在大豆田间常用的除草剂有 5%精禾草克乳油、5%精喹禾灵、5%咪草烟水剂、10%禾草克乳油、10%氯嘧磺隆、10.8%高效盖草能乳油、12.5%盖草能乳油、15%精稳杀得乳油、25%虎威水剂、25%氟磺胺草醚、33%除草通乳油、48%拉索乳油、48%地乐胺乳油、48%氟乐灵乳油、48%广灭灵乳油、48%异恶草酮乳油、50%乙草胺乳油、86%乙草胺乳油等。

(六)植物生长调节剂

植物生长调节剂是仿照植物激素的化学结构人工合成的具有植物激素活性的物质。植物生长调节剂具有使用很低的浓度就能对植物的生长、发育和代谢起到调节作用的特点，它的合理使用可以使植物的生长发育朝着健康的方向或人为预定的方向发展，增强植物的抗虫性、抗病性，起到防治病虫害的目的。另外，有些植物生长调节剂还可以选择性地杀死一些植物而用于田间除草。用于大豆的植物生长调节剂有 85%比久水溶性粉剂、15%多效唑可湿性粉剂、1.8%爱多收水剂、50%矮壮素水剂、5%烯效唑可湿性粉剂、80%或 90%丰啶醇乳油、2.85%硝·萘酸水剂等。

(七)喷雾器械的使用与保养

农药喷雾器是防治病虫害的主要工具，因此正确地使用及保养喷雾器是非常重要的。有些农民重视使用，轻视保养，停用后随便一扔了事，这样，不仅翌年不好使用，而且严重影响喷雾器的使用寿命。正确地使用和适当地保养，不仅可以延长喷雾器的使用寿命，还可以提高防治病虫害的效率，使其达到预期的效果。下面简单介绍几种喷雾器的使用及保养方法。

第一，在喷洒两种不能或不宜混用的农药之前，必须将喷雾器清洗干净，否则不仅会使药效降低，而且容易产生药害，造成不应有的损失。其具体清洗方法是：①塑料桶喷雾器。先倒入 5%的热碱水（水温 60℃以上），使其充满喷杆、喷头等各个部位，每隔 10

分钟摇动1次，经2～3小时，将碱液倒出，再用清水冲洗2～4次。②铁桶喷雾器。先倒入1%的黑矾水(即硫酸亚铁溶液)浸泡2小时，再用清水冲洗2～4次。也可先用热碱水浸泡(方法同上)1小时，再用热碱水冲洗1遍，最后用清水冲洗4～5次。

另外，由于滤网较粗，喷雾器使用时极易造成异物堵塞喷嘴，一旦堵塞，很多人用嘴去硬吹，弄得手和嘴唇上都是药液，这样做极易造成中毒。这时，可用细纱布(或磨面粉机用的细罗布，耐磨抗腐蚀)包裹住喷雾器滤网筒，这样药液能吸进去而将细小杂质留在药桶内，可很好地防止喷雾器堵塞。但须注意纱布易破损，应及时检查更换。

第二，喷雾器的保养。喷雾器停用后，首先要把药液桶、胶管、喷杆等部件洗干净。要特别注意清除打气筒上的油垢和药液桶底凹部的泥土，因为多数农药对喷雾器都有一定的腐蚀作用。因此，停用后要及时用碱水洗刷1遍，再用清水冲洗干净。尤其是喷过波尔多液之后，最好用碱水浸泡1～2小时，因为波尔多液腐蚀性很强。要注意防止生锈，凡是能拆卸的部件，都要拆下来洗刷干净，喷杆、喷头的内管壁要用机油冲洗，以免受潮生锈。详细检查各个部件，凡是螺丝固定的部位或者经常受到磨损的地方，都要涂上机油或黄油，发现有损坏的部件，要及时修配好，以便再次使用。完成上述检查工作后，把小的部件用手纸包好，放在贮液筒内，以免不慎丢失。不可放在阴暗潮湿的角落里，更不能露天存放。

思考题

1. 什么叫侵染性病害？引起侵染性病害的病原物有哪些？
2. 什么叫非侵染性病害？引起非侵染性病害的因素有哪些？
3. 真菌、细菌、病毒、线虫引起的病害症状主要区别是什么？
4. 在大豆田常见昆虫天敌有哪些？
5. 在大豆田常用的农药有哪些类型？

第三章　大豆真菌性病害

一、真菌性病害的症状特点

（一）大豆苗期病害症状特点

一般危害茎基部及靠近地表的幼茎，形成褐色、凹陷的病斑，严重时则使皮层呈溃疡状。例如，大豆猝倒病可引起根部腐烂，在幼茎上产生水渍状病斑，后幼茎变细腐软；大豆立枯病使大豆幼苗茎基部缢缩变褐，导致幼苗折倒枯死。有些真菌病害在苗期侵染幼叶或子叶，产生褐色或淡紫色病斑，如大豆赤霉病可在子叶上产生紫红色病斑，若天气潮湿则在病部产生粉红色粉状物。

（二）大豆叶部病害症状特点

通常在发病叶片上产生典型的病斑。病斑的颜色、形状以及病斑有无轮纹或病斑上产生的繁殖结构等，常用来诊断叶部病害的种类。例如，大豆霜霉病通常在叶片正面形成多角形病斑，而在叶背产生灰白色霉层；大豆黑斑病通常在叶片上产生褐色、带同心轮纹和生有黑色霉层的病斑；大豆轮纹病则在叶片上形成褐色、微带同心轮纹和生有小黑点的病斑。

（三）大豆根部病害症状特点

大多是全株性发生的系统性病害，往往通过叶片和茎秆来表现症状，表现为全株性叶片黄化、萎蔫或枯死。例如，大豆枯萎病首先使植株叶片自下而上变黄和萎蔫，最后枯死，剖开茎秆可见髓部变褐坏死。

(四)大豆茎部病害症状特点

在茎部产生各种形状的病斑,并产生典型的子实体或繁殖体结构,常使植株表现整株枯死。例如,大豆黑点病常在茎秆上产生长的纵向排列的小黑点;大豆茎枯病常在茎秆上产生一块块黑色长条斑;大豆菌核病常使茎部断续发生褐色病斑,上生白色棉絮状菌丝体和白色颗粒状物,后变黑色而成为菌核。但有些茎部病害不易识别,如大豆疫病易于与其他病害相混淆,故在诊断时常需要进行病原物的检查才能确定。

二、真菌性病害的发生规律

大豆真菌性病害一般以菌丝体、繁殖结构(分生孢子、子囊孢子、卵孢子)、厚垣孢子或菌核等形态在大豆病残体、土壤或种子上越冬,成为翌年的初侵染源。种子带菌是一些病害最初主要的侵染源和远距离传播的主要途径,如大豆霜霉病菌、大豆紫斑病菌和大豆褐斑病菌可种子带菌。在病残体或土壤中越冬的病菌,在气候适宜条件下,可产生繁殖结构,并随风雨或土壤传播到植株的各部位,从气孔、伤口和表皮侵入寄主引起发病。大豆真菌性病害的发生与流行主要决定于品种抗性、栽培条件和耕作制度。真菌性病害在田间发病的适宜温度范围为20℃～30℃,长期高湿利于发病,尤其是夏季多雨高湿的气候条件有利于病害的发生和流行。地势低洼易积水,田间湿度大,发病重;大豆连作地块病菌积累多利于发病;田间植株密度大,通风透光差,也利于病害发生与流行。

三、真菌性病害的防治措施

(一)选用抗病品种

利用抗病品种是控制植物病害最经济最有效和易行的措施之一。对于许多难以运用农业措施控制,而又缺乏有效农药的病害,如土传病害以及大面积流行的气传性病害,选育和利用抗病品种尤为重要。根据大豆真菌病害的种类及其生理小种(病菌变异类群)的不同选择相对应的抗病品种。如抗霜霉病的大豆品种有绥农4号、绥农6号、合丰25、东农36、丰收2号、九农2号、九农9号等;抗紫斑病的品种有黑龙江41、铁丰19、长农7号、九农5号、跃进3号、西农65等;抗灰斑病的品种有鲁豆10号、绥农8号、合丰27、合丰28、合丰29、合丰30等;抗菌核病的有黑河7号、九丰3号、合丰26、内豆1号等。此外,应针对病菌生理小种变化情况及时更换抗病品种。另外,选用耐病品种也是防治病害的有效措施。

(二)农业措施

农业措施也是防治大豆病害的有效措施之一。我国先辈们早就总结出了行之有效的防病增产措施,如种子的单收单藏、温汤浸种、增施农家肥、轮作、秋后深翻、施用净肥、田园卫生、排水排涝等。

对于一些可由种子传播的病害,如大豆霜霉病、菌核病等,应从无病田留种或采用过筛法严格选种,清除病种,避免通过带菌种子作远距离传播。对于土传病害,如大豆根腐病、炭腐病等,实行3年以上轮作,可显著减少土壤中病原菌的积累。针对大豆疫病这种轮作与发病关系不大(可能与卵孢子休眠时间长有关)的病害而言，应尽量避免早播、少耕、免耕、窄行、连作等措施，做到适期播种，保证播种质量，合理密植，宽行种植，及时中耕，增加植株通风透光。注意排淤治涝，平整土地，开沟排水，防止积水和流水传播。增施基肥，采用大豆配方施肥技术，注意氮、磷、钾肥的合理搭配，提高植株抗病能力。

(三)化学防治

在缺少其他有效防治措施或病害大面积发生的情况下，采用化学防治方法可取得见效快的防治特点。应根据发生的病害种类及其发生和流行规律，科学选用有效化学药剂和适宜剂型防治大豆病害。在防治前一定做好病害的预测预报工作，不能等到病害大发生时再施用化学农药，否则晚矣。一般来讲，应根据所选用品种的抗病性、田间病害发生情况、气候条件等决定是否施用农药或施药时间。一旦确定化学药剂防治方法后，应计算好田间用药量及配药浓度，严格掌握技术要领，以最有效的杀菌剂、最少的使用次数和最低剂量、最简便的使用方法，达到最佳的防治效果。常采用的施药方法有种子包衣处理、幼苗灌根处理、土壤处理或植株喷药。不同大豆病害的具体防治方法有所不同。

(四)植物检疫

对于大豆种子的调运应严格执行植物检疫制度，做到不从病区调种。如大豆疫病是我国一类对外检疫对象，该病危害极重，种植感病品种几乎绝产，必须做好预防措施，加强检疫工作，禁止带病种子的调出或调入。

四、常见真菌性病害

(一)大豆猝倒病

大豆猝倒病在世界各大豆产区均有发生,主要发生在大豆种子发芽至植株生长发育前期,致使幼苗发生猝倒和根腐症状。该病主要发生在早春气温低和雨水多的条件下,一般危害不重。

1. 症状 主要危害幼苗的茎基部,在靠近地表的幼茎上初呈水渍(烫)状,后变细腐软,黑褐色,导致幼苗迅速折倒死亡。根部受害后初呈不规则形褐色斑点,严重时可引起根部腐烂,地上部茎、叶变黄和萎蔫,植株矮化。

2. 病原 德巴利腐霉(*Pythium debaryanum* Hesse)或瓜果腐霉[*Pythium aphanidermatum* (Edson)Fitz.],属于卵菌。

3. 传播发病 病菌以菌丝体、卵孢子在病残体上或土壤和粪肥中越冬,成为翌年的初侵染源。病菌为土壤习居菌,喜低温多湿环境,寄主范围广泛,可引起多种作物幼苗发生猝倒病。

4. 防治方法

(1)农业措施 适时播种,合理密植。避免在低洼地种植大豆,或加强排水排涝,降低土壤湿度,减轻发病。提倡轮作和施用腐熟有机肥。

(2)化学防治 可采用播前拌种或苗期灌根的方法。播前拌种时采用35%瑞毒霉拌种剂300克拌大豆种子100千克;苗期灌根可选用40%乙膦铝可湿性粉剂400倍液,或25%甲霜灵(瑞毒霉)可湿性粉剂800倍液,或64%杀毒矾可湿性粉剂500倍液,或72.2%普力克水剂800倍液,以瑞毒霉拌种剂的防治效果最好。

(二)大豆立枯病

大豆立枯病在我国东北、华北和南方少数省份有分布。在黑龙江省云山农场调查,重病田被害株率曾高达100%,幼苗生长瘦弱,色黄无须根,致使大量幼苗死亡。在美国和巴西曾严重发生立枯病,使幼苗枯死和烂根达50%,产量损失达40%。

1. 症状 主要危害幼苗或幼株。幼苗和幼株上的病斑多生于主根和靠近地面的茎基部,红褐色,略凹陷,皮层开裂似溃疡状。幼苗受害严重时,茎基部缢缩变褐,导致幼苗折倒枯死。幼株受害往往表现植株变黄,生长不良,矮小,茎基部红褐色,皮层开裂呈溃疡状。

2. 病原 立枯丝核菌 *Rhizoctonia solani* Kuehn[有性阶段 *Thanatephorus cucumeris* (Frank) Donk],属于担子菌的无性阶段(半知菌)。

3. 传播发病 病菌以菌丝体和菌核在土壤中越冬,成为翌年的初侵染源。该病为土壤习居菌引起的土传病害,病菌直接侵入初生根系或次生根系,或由伤口侵入。苗期低温和湿度大或地势低洼,排水不良或土壤黏重,发病重。病菌寄主范围广泛,可侵染高粱、蔬菜、甜菜、烟草、水稻等多种作物。

4. 防治方法

(1)农业措施 实行3年以上轮作,避免在低洼地种植大豆,或加强排水,降低土壤湿度,减轻发病。

(2)调节土壤pH值 施用石灰调节土壤pH值,使土壤微显碱性。具体方法是每667平方米施用生石灰50~100千克。

(3)化学防治 播前进行种子消毒或药剂拌种,可选用50%的多菌灵可湿性粉剂,或50%甲基硫菌灵(甲基托布津)可湿性粉剂,按种子重量0.5%~0.6%的用量拌种。在苗期发病时,可用25%多菌灵可湿性粉剂500倍液灌根。

(三)大豆霜霉病

大豆霜霉病分布于全国各大产区,尤以气温冷凉的东北和华北地区发生普遍,多雨年份病情加重。普遍分布于世界各大豆产区。一般减产6%～15%,种子被害率10%左右,严重的达26%以上。

1. 症状 危害幼苗、叶片、豆荚及籽粒。苗期和成株期发病时,幼叶或叶片正面首先出现褪绿斑点或斑块,多沿叶脉两侧分布,圆形或不规则形,后变成黄绿色或褐色。潮湿时叶背形成灰白色霉层(孢囊梗和分生孢子),病粒表面形成灰白色粉状物(卵孢子)。

2. 病原 东北霜霉 *Peronospora manschurica* (Naumov) Sydow,属于卵菌。

3. 传播发病 病菌以卵孢子在种子上和病叶里越冬成为翌年的初侵染源,田间借风、雨进行传播。多雨高湿利于发病。

4. 防治方法

(1)选用抗病品种 针对当地病害流行的生理小种,选用抗病性强的品种。经鉴定的抗病品种有绥农4号、绥农6号、合丰25、东农36、丰收2号、九农2号、九农9号、早丰5号、黑农21等。

(2)农业措施 选用健康无病的种子,严格清除病粒;增施氮、磷肥,提高植株抗病能力;实行3年以上轮作,合理密植,加强田间管理,及时铲除系统侵染的病苗,减少田间初侵染源。

(3)化学防治 播种前用90%乙膦铝或35%百菌清可湿性粉剂,按种子重量0.3%的用量拌种。发病初期,可喷洒40%百菌清悬浮剂600倍液,25%甲霜灵可湿性粉剂800倍液,58%甲霜灵锰锌可湿性粉剂600倍液,64%杀毒矾可湿性粉剂500倍液,72%克露可湿性粉剂700～800倍液,或69%安克可湿性粉剂900～1000倍液防治。

(四)大豆紫斑病

大豆紫斑病分布于国内各大豆产区,南方重于北方。广泛分布于世界各国。病粒除表现醒目的紫斑外,有时龟裂、瘪小失去生活力,严重影响籽粒质量,但对产量影响不明显。感病品种的紫斑粒率为15%～20%,严重时达50%以上。

1. 症状　主要危害豆粒和豆荚。豆粒受害呈紫红色、褐色或黑褐色,多在种脐周围形成放射状淡紫色斑纹,严重时可扩展至大部分种皮。病粒常发生龟裂和瘪小。豆荚受害形成圆形或不规则形病斑,灰黑色或干后呈黑色。叶片上病斑圆形或多角形,多发生于中脉或侧脉两侧,褐色或红褐色,后生黑色霉层(分生孢子梗和分生孢子)。茎部病斑梭形,红褐色,上生小黑点(分生孢子梗和子座)。

2. 病原　菊池尾孢 *Cercospora kikuchii* (Matsumoto & Tomoyasu) Chupp,属于半知菌亚门。

3. 传播发病　病菌以菌丝体、分生孢子或子座在豆粒和病残体上越冬,成为翌年初侵染源。播种带菌种子后,病菌从种皮扩展到子叶,引起子叶发病并产生大量的分生孢子,然后借气流和雨水传播到叶片、豆荚和籽粒上进行再侵染。大豆开花期和结荚期遇高温和多雨有利于病害流行。

4. 防治方法

(1)选用抗病品种　大豆品种间对此病菌的抗性差异明显,一般抗病毒的品种比较抗紫斑病。抗病的品种有黑龙江41、铁丰19、长农7号、九农5号、九农9号、京黄3号、中黄4号、科黄2号、徐州424、华春18、跃进2号、跃进3号、文丰3号、文丰5号、丰收13、牛尾黄、楚秀、西农65等。

(2)农业措施　秋收后深翻土地,及时将病株深埋,减少初侵染源。严格精选种子,淘汰病粒。

(3)化学防治 用50%福美双可湿性粉剂或40%大富丹可湿性粉剂,按种子重量0.3%的用量拌种,可起到很好的防治作用。在大豆开花期和结荚期喷施50%多·霉威(多菌灵加万霉灵)可湿性粉剂1 000倍液或36%甲基硫菌灵悬浮剂500倍液防治。

(五)大豆灰斑病

大豆灰斑病普遍发生于国内各大豆产区,黑龙江省的三江平原和牡丹江地区发病较重,黄淮地区和南方大豆产区也普遍发生。国外也普遍发生于各地。发病严重时使百粒重明显下降,品质变劣。

1. 症状 主要侵染叶片,也可侵染茎、豆荚及种子。叶上病斑圆形、椭圆形或不规则形。病斑中央灰色,边缘红褐色,叶背面生灰色霉层(分生孢子梗和分生孢子)。严重时病斑连片致使叶片干枯脱落。茎部受害形成椭圆形病斑,褐色。豆荚上病斑圆形或椭圆形,中央灰色,边缘红褐色。豆粒上病斑圆形或不规则形,中央灰色,边缘暗褐色,似"蛙眼"。

2. 病原 大豆尾孢(*Cercospora sojina* Hara),属于半知菌亚门。

3. 传播发病 病菌以分生孢子或菌丝体在种子或病残体上越冬,成为翌年的初侵染源。带菌种子萌发至长出子叶时即可发病,形成发病中心,并产生分生孢子,借风向四周传播进行再侵染。一般6月上中旬叶片开始发病,7月中旬进入发病盛期。豆荚从嫩荚期开始发病,鼓粒期为发病盛期,7~8月份遇高温多湿天气则发病重。

4. 防治方法

(1)选用抗病品种 鲁豆10号,绥农8号,合丰25,合丰27,合丰28,合丰29,合丰30及合丰34抗大豆灰斑病菌1、2、3、4、7、8、9、10号生理小种。因病菌易发生变异,品种的抗病性很不稳定，在生产上应及时更新抗病品种。

(2)农业措施　严格精选种子，淘汰病粒。提倡3年以上轮作，避免重茬，收获后及时深翻，减少菌源。

(3)化学防治　用50%福美双可湿性粉剂或40%大富丹可湿性粉剂，按种子重量0.3%的用量拌种。于大豆结荚期喷药防治1～2次。有效药剂有40%百菌清悬浮剂600倍液，50%甲基硫菌灵可湿性粉剂600倍液，36%多菌灵悬浮剂500倍液，50%多霉灵可湿性粉剂800倍液，或65%甲霜灵可湿性粉剂1 000倍液。喷药间隔8～10天。

(六)大豆褐斑病

大豆褐斑病为世界性发生的病害，主要发生在气候较冷的地区。一般危害较轻，个别年份可引起大豆生育前期下部叶片脱落，严重影响大豆产量和质量。

1. 症状　主要侵染叶片，多从植株下部向上蔓延。子叶受侵染产生不规则形暗褐色的小斑点，上生微小黑点(分生孢子器)。叶上病斑多角形，受叶脉限制，直径1～5毫米，红褐色，具轮纹，上生小黑点。严重时病斑连片致使叶片枯黄脱落。子叶、茎、豆荚或叶柄均可受害形成不规则形斑点。

2. 病原　大豆壳针孢(*Septoria glycines* Hemmi)，属于半知菌亚门。

3. 传播发病　病菌以分生孢子或菌丝体在病叶、病荚等病残体或种子上越冬，成为翌年的初侵染源。

4. 防治方法

(1)农业措施　实行3年以上轮作，收获后深翻土地，减少菌源。

(2)化学防治　在发病严重的大豆田，于发病初期喷药防治1～2次。有效药剂有75%百菌清可湿性粉剂600倍液，14%络氨铜水剂 300 倍液，50%琥胶肥酸铜可湿性粉剂 500 倍液，或 77%可杀得微粒可湿性粉剂 500 倍液。喷药间隔 10 天左右。

（七）大豆叶斑病

大豆叶斑病分布于黑龙江、吉林、四川等省和华北、华东地区，一般发生较轻，以秋大豆发生较多。国外见于美国、俄罗斯、日本、朝鲜等国。

1. 症状 主要侵染叶片。叶上病斑淡褐色至灰白色，不规则形，直径 1～5 毫米，中央淡褐色，边缘深褐色，与健部区分明显。严重时病斑连片致使叶片干枯，上生小黑点（子囊壳）。

2. 病原 大豆球腔菌（*Mycophaerella sojae* Hori），属于子囊菌亚门。

3. 传播发病 病菌以子囊孢子或菌丝体在病叶等病残体中越冬，成为翌年的初侵染源。叶斑病多发生于生育后期或秋大豆上，一般对产量影响不大。

4. 防治方法 由于该病零星发生和危害较轻，一般采用农业措施防治。

（1）农业措施 大豆收获后及时清除田间病株残体，并要深翻土地，将残余病株深埋土里。提倡实行 3 年以上轮作，减少菌源。

（2）选用抗病品种 抗病良种有绥农 8 号、小寒王、九丰 3 号、中黄 2 号、中黄 3 号和中黄 4 号等。

（八）大豆羞萎病

大豆羞萎病首次报道于日本。1957 年发现于吉林省，除吉林省外黑龙江省和湖北省亦有发现。1966 年在吉林省双阳县调查，发病重的豆田里病株率达 92.6%，减产 70%以上。1973 年在黑龙江省密山县调查，个别发病严重的地块病株率达 75%，减产 50%左右。

1. 症状　可危害植株地上各个部位。幼苗受害后植株矮小，幼叶凋萎下垂早期枯死。叶片发病沿叶脉产生红褐色细条斑，后变黑褐色。叶柄受害多从上向下逐渐变黑变细，使叶柄倒垂。茎部发病时多在新梢上发生。豆荚受害多从基部和边缘开始变褐，发生扭曲和畸形，重者不结实。后期各发病部位产生大量黄白色粉状颗粒（分生孢子盘），粉状颗粒常聚生成块。

2. 病原　大豆黏格孢（*Septogloeum sojae* Yoshii & Nishizawa），属于半知菌亚门。

3. 传播发病　病菌以菌丝体和分生孢子盘在种子和病株残体上越冬，成为翌年的初侵染源。苗期发病与种子带菌有关。

4. 防治方法

（1）严格检疫　因该病在我国仅局部发生，应对种子进行检疫，防止病菌随种子传播蔓延。

（2）农业措施　收获后及时清除田间病株残体或深翻土地，减少菌源。提倡实行 3 年以上轮作。

（3）化学防治　采用 40%拌种双按种子重量 0.4%的用量拌种。在田间发病初期，可喷施 36%甲基硫菌灵悬浮剂 600 倍液或 50%多菌灵可湿性粉剂 700 倍液。

（九）大豆黑斑病

大豆黑斑病普遍发生于东北三省以及江苏、浙江、湖北、四川等省大豆产区。通常发生于植株生育后期，对产量影响甚微。国外见于美国、澳大利亚、俄罗斯等国。

1. 症状　主要侵染叶片。我国报道有 3 种病菌能引起黑斑病的发生，其症状略有不同：①叶上病斑圆形，椭圆形，直径 3～6 毫米，褐色，具轮纹，上生黑色霉层（分生孢子梗和分生孢子）。②叶上病斑不规则形，直径 5～10 毫米，褐色，常多个病斑汇合连片，上生黑色霉层（分生孢子梗和分生孢子）。③叶上病斑初呈圆形或不规则形，中央褐色，边缘稍隆起，暗褐色。病斑扩大致使叶片破裂反卷干枯，表面密生黑色霉层（分生孢子梗和分生孢子）。三种病菌都可侵染豆荚，形成圆形或不规则形黑斑，密生黑色霉层，严重时可使荚皮破裂侵染豆粒。

2. 病原　①芸薹链格孢菜豆变种［*Alternaria brassicae* (Berk.) Sacc. var. *phaseoli* Brun.］。②簇生链格孢［*A. fasciculata*（Cke. et Ell.）Jones et Grout.］。③链格孢［*A. alternata* (Fr.) Keissler］，属于半知菌亚门。

3. 传播发病　病菌以分生孢子或菌丝体在病叶、病荚等病残体上越冬，成为翌年的初侵染源。田间借风雨进行传播。

4. 防治方法

（1）农业措施　在收获后及时清除病株残体，或深翻土地将病残体深埋。

（2）化学防治　在病害发生严重地区，于发病初期喷施化学药剂防治。有效药剂有75%百菌清可湿性粉剂600倍液，58%甲霜灵·锰锌可湿性粉剂500倍液，60%琥·乙膦铝可湿性粉剂500倍液，或80%大生可湿性粉剂500倍液。

（十）大豆锈病

大豆锈病主要发生于江苏、福建、贵州等省的夏、秋大豆上，常造成严重危害，百粒重可降低3%～50%，一般减产10%～30%。本病也广泛分布于东半球许多国家的夏、秋大豆上。

1. 症状　主要侵染叶片。叶片发病初现红褐色小斑点，后变为圆形或不规则形隆起的疱斑（夏孢子堆），散生，破裂后散出褐色粉末状的夏孢子。整个叶片受害后变黄枯焦，致使秕荚率高，豆粒不饱满。后期病斑上形成黑褐色疱斑（冬孢子堆）。叶柄和茎部受害症状与叶片病斑相似。

2. 病原　豆薯层锈（*Phakopsora pachyrhizi* Sydow），属于

担子菌亚门的锈菌。

3. 传播发病 该病菌仅见有夏孢子和冬孢子阶段，其他阶段不明。该菌以冬孢子阶段越冬，在生长季节则通过夏孢子进行传播，多雨多湿利于发病。

4. 防治方法

(1)选用抗病品种 较抗病的品种有缙芸豆、九丰3号、长农7号、中黄2号、中黄3号、中黄4号、包罗豆、兰溪花皮青豆、雁鹅包、南雄黄豆等。

(2)农业措施 加强田间排水排涝，采用高畦或垄作；避免在低洼地种植大豆；增施钾、磷肥，提高植株抗病能力。

(3)化学防治 在病害严重发生地区，于发病初期进行药剂防治。有效药剂有75%百菌清可湿性粉剂600倍液，36%甲基硫菌灵悬浮剂500倍液，50%硫黄悬浮剂300倍液，15%三唑酮可湿性粉剂1 500倍液，50%萎锈灵乳油800倍液，或40%福星乳油8 000倍液等。

(十一)大豆灰星病

大豆灰星病普遍发生于东北、华北地区和四川省等的春、夏大豆上，发病严重时可引起落叶，焦枯致死。

1. 症状 主要侵染叶片。叶上病斑圆形或不规则形，淡褐色，具窄的褐色边缘。病斑中央后变为灰白色，上生小黑点(分生孢子器或子囊壳)，病斑易破裂穿孔。叶柄和茎上病斑长形，淡灰色或黄褐色，具淡紫色或褐色边缘。荚上病斑圆形，具淡红色边缘。

2. 病原 大豆生叶点霉 *Phyllostica sojaecola* Massal. [有性阶段 *Pleosphaerulina sojaecola* (Massol.) Miura]，属于子囊菌的无性阶段(半知菌)。

3. 传播发病 病菌以子囊孢子和分生孢子器在病叶等病残

体上越冬，成为翌年的初侵染源。田间借、风雨进行传播。

4. 防治方法

(1)农业措施　精选种子，淘汰病粒。收获后及时清除病残体或深翻土地，减少菌源。提倡实行 3 年以上轮作。

(2)化学防治　在必要的情况下可进行化学药剂防治。可于发病初期喷施 75%百菌清可湿性粉剂 700 倍液，36%甲基硫菌灵悬浮剂 500 倍液，或 50%多菌灵可湿性粉剂 800 倍液。

(十二)大豆菌核病

大豆菌核病发生于东北、华东、西南等地区的各大豆产区。在黑龙江省一般发病株率为 3%～5%，严重时达 20%，使田间成片植株腐烂枯死。国外分布于巴西、加拿大、美国、匈牙利、日本、印度等国。

1. 症状　主要侵染植株茎部。田间多见植株上部叶片萎蔫变褐枯死，系由茎部受害引起的。茎部断续发生褐色病斑，上生白色棉絮状菌丝体和白色颗粒状物，后变黑色而成为菌核。剖开病株茎部可见有黑色鼠粪状或圆柱状的菌核。病株枯死后呈灰白色，茎中空，皮层呈丝状。荚上病斑褐色，易枯死不能结荚。轻病株虽可结荚，但豆粒易腐烂或皱瘪。

2. 病原　核盘菌[*Sclerotinia sclerotiorum*（Lib.）de Bary]，属于子囊菌亚门。

3. 传播发病　病菌以菌核散落在土壤中或混在种子中越冬，翌年在生长季节产生子囊盘和子囊孢子，子囊孢子借气流和雨水传播蔓延进行初侵染，再侵染则通过病、健部接触传播蔓延。在生长季节湿度是影响菌核病发生轻重的重要因素，在多雨、潮湿并有光照的条件下，菌核才能萌发形成子囊盘。菌核病菌寄主范围广，除大豆外，还有很多寄主植物。在东北大豆田，一般 6 月份开始发病，8 月份为发病盛期。

4. 防治方法

(1)选用耐病品种　生产上缺少抗病品种，但可选用株形紧凑、尖叶或叶片上举、通风透光性能好的耐病品种，如黑河7号、九丰3号、合丰26、内豆1号等。

(2)农业措施　加强田间排水排涝，降低田间湿度，勿过多施用氮肥，可减轻发病。在收获后及时清除病株残体，实行土地深翻，可减少菌源。提倡与禾本科作物实行3年以上轮作。

(3)化学防治　在发病初期喷施化学药剂防治。有效药剂有40%多·硫悬浮剂600倍液，70%甲基硫菌灵可湿性粉剂600倍液，50%混杀硫悬浮剂600倍液，80%多菌灵可湿性粉剂700倍液，50%扑海因可湿性粉剂1 200倍液，或50%复方菌核净可湿性粉剂1 000倍液等。

(十三)大豆轮纹病

大豆轮纹病分布于东北、华北、华东等地区，常造成早期落叶和不结荚。1955年吉林省曾普遍流行，引起植株大量落叶，个别地块甚至光秆。本病也广泛分布于世界各地。

1. 症状　主要侵染叶片。叶上病斑初为褐色小点，后扩大呈圆形或不规则形，直径3～15毫米，褐色，后中央变灰褐色，边缘暗褐色或红褐色，具轮纹，上生无数小黑点(分生孢子器)。病斑变薄易穿孔。叶柄发病易引起早期落叶。茎部病斑多生于分枝处，呈梭形，灰褐色，后扩大呈灰白色，上生小黑点。荚上病斑近圆形，初呈褐色，后变灰白色，密生小黑点，呈不规则形或轮纹排列。重病荚畸形，豆粒皱缩干瘪。

2. 病原　大豆壳二孢(*Ascochyta glycines* Miura)，属于半知菌亚门。

3. 传播发病　病菌以菌丝体和分生孢子器在病叶等病残体上越冬，成为翌年的初侵染源。田间借、风雨进行传播。东北地区

6 月份开始发病，常造成植株底部叶片穿孔或早期落叶，7 月份以后病势趋缓。

4. 防治方法

(1)农业措施　播前精选种子，淘汰病粒；收获后及时清除田间病株残体或实行土地深翻，以减少翌年的初侵染源。

(2)化学防治　播种前进行种子消毒，采用 40%拌种双可湿性粉剂，按种子重量 0.4%的用量拌种。田间发病初期喷施化学药剂防治。有效药剂有 40%百菌清悬浮剂 600 倍液，50%甲基硫菌灵可湿性粉剂 600 倍液，或 36%多菌灵悬浮剂 500 倍液等。

(十四)大豆炭疽病

大豆炭疽病普遍发生于东北、华北、华东、西北、华南各大豆产区，南方重于北方。国外分布于朝鲜、日本、美国、巴西等国。冷凉地区发病较轻，在热带和亚热带地区因炭疽病的危害，使种子品质变劣减产。

1. 症状　主要侵染茎秆和豆荚，有时也可侵染幼苗和叶片。茎上病斑椭圆形或不规则形，灰褐色，常包围茎部，上密生黑色小点(分生孢子盘)。荚上病斑近圆形，红褐色，后变灰褐色，有时呈溃疡状，略凹陷，上密生小黑点，略呈轮纹状排列。植株受害严重不结荚或结荚不结实，豆粒皱缩干瘪。

2. 病原　大豆刺盘孢(*Colletotrichum glycines* Hori)或毁灭性刺盘孢(*C. desructivum* O’Gara)，属于半知菌亚门。

3. 传播发病　病菌以菌丝体和分生孢子盘在罹病茎秆或种子上越冬，成为翌年的初侵染源。田间借、风雨进行传播。种子带菌或大豆苗期遇低温或土壤过分干燥，大豆出土时间延迟，容易引起幼苗发病。

4. 防治方法

(1)农业措施　播前精选种子，淘汰病粒；收获后及时清除田间病株残体或实行土地深翻，减少菌源；提倡实行3年以上轮作。

(2)化学防治　播前用50%多菌灵可湿性粉剂或50%扑海因可湿性粉剂，按种子重量0.4%的用量拌种。在大豆开花期可喷施50%甲基硫菌灵可湿性粉剂600倍液，50%多菌灵可湿性粉剂600倍液，80%炭疽福美可湿性粉剂800倍液，25%炭特灵可湿性粉剂，或47%加瑞农可湿性粉剂600倍液等防治。

(十五)大豆耙点病

大豆耙点病发生于美国、加拿大、日本、柬埔寨、尼加拉瓜等国。该病在我国吉林、山东、安徽、四川等省均有发生。感病品种发病可造成18%～32%的产量损失。

1. 症状　叶片、叶柄、茎、荚及种子都可受害。叶上病斑圆形至不规则形，淡红褐色，直径10～15毫米，病斑周围具淡黄色晕圈。叶柄和茎上病斑点状至长形，暗褐色。荚上病斑圆形，略凹陷，中央淡紫色，边缘褐色，病荚上密布黑色霉状物(分生孢子梗和分生孢子)。

2. 病原　山扁豆生棒孢[*Corynespora cassiicola*（Berk. & Cur.）Wei]，属于半知菌亚门。

3. 传播发病　病菌以菌丝体和分生孢子在病株残体上越冬，成为翌年的初侵染源。田间借、风雨进行传播。多雨和湿度大利于发病。

4. 防治方法

(1)选用抗病品种　早熟品种一般较耐病或抗病。

(2)农业措施　精选种子，淘汰病种，或进行种子消毒。从无病株上留种。收获后及时清除病残体或深翻土地，减少菌源。可与禾本科作物实行3年以上轮作。

(3)化学防治　播前用50%多菌灵可湿性粉剂或50%扑海因可湿性粉剂，按种子重量0.4%的用量拌种。在田间发病初期，可采用40%百菌清悬浮剂600倍液，或50%甲基硫菌灵可湿性粉剂600倍液或36%多菌灵悬浮剂500倍液防治。

(十六)大豆枯萎病

大豆枯萎病是世界性发生的病害，在美国一些州曾造成59%的产量损失。该病在我国各大豆产区呈零星发生，危害性很大，常造成植株死亡。1974年，黑龙江省林口县奎山良种场的阿姆索品种死株率达29%。

1. 症状　植株生长矮小，叶片从下向上逐渐变黄萎蔫，病株不结荚或结荚量少，即使结荚，豆荚瘦小。发病严重时叶片脱落，荚不结实，最后成株枯死。剖视病株根茎可见维管束变褐坏死，后期在茎基部长出橙黄色至粉红色霉层(分生孢子)。天气潮湿时根茎表面长出白色绒状菌丝体。

2. 病原　尖孢镰孢(*Fusarium oxysporum* f. sp. *tracheiphilum* Snyder & Hansen)，属于半知菌亚门。

3. 传播发病　该病为土传病害，病菌由根部侵入导致成株发病。病菌以菌丝体、分生孢子及厚垣孢子在病株残体上越冬，成为翌年的初侵染源。田间主要通过根系伤口侵入。

4. 防治方法

(1)农业措施　品种抗病性存在一定差异，注意选用抗病品种。加强田间排水排涝，降低田间湿度。与禾本科作物实行3年以上轮作。有条件的地区可实行水旱轮作，效果较好。

(2)化学防治　田间发现病株及时拔除后，可用50%甲基硫菌灵可湿性粉剂500倍液，25%多菌灵可湿性粉剂500倍液，10%双效灵水剂300倍液，或70%琥胶肥酸铜可湿性粉剂500倍液，每穴喷洒对好的药液0.3～0.5升，间隔7～10天1次，共喷洒2～3次。

(十七)大豆炭腐病

大豆炭腐病在世界各地均有发生,热带地区发病偏重,发病重时通常会引起幼苗枯萎或叶片早期脱落,严重的减产可达70%。

1. 症状 主要危害茎和根部。幼苗受侵染首先在子叶胚轴处出现红褐色病斑,后渐变黑褐色,常导致幼苗枯死。植株生长中后期在根尖及茎基部表皮下产生浅褐色病斑,并向木质部及髓部扩展,在木质部组织上可见密生灰黑色条纹状排列的小颗粒状菌核。在茎的髓部有散生的菌核,有时在根茎表皮上产生黑色颗粒状物(分生孢子器)。受害植株生长势弱,叶片变黄,逐渐萎蔫,干枯死亡。受害植株结荚少,或籽粒不饱满,百粒重下降。

2. 病原 菜豆壳球孢[*Macrophomina phaseolina* (Tassi) Void.],属于半知菌亚门。

3. 传播发病 该病为土传病害,病菌寄主范围广泛。病菌以菌丝体和菌核在土壤中的病株残体上越冬,成为翌年的初侵染源。高温干旱的天气利于发病。

4. 防治方法 主要通过农业栽培管理措施进行防治。避免过度密植,增施化肥促进植株生长,有条件地区可实施灌溉,或播种前3~4周漫灌。

(十八)大豆纹枯病

大豆纹枯病在世界上许多大豆产区都有发生,如美国、墨西哥、哥斯达黎加、印度、菲律宾、马来西亚等国。在美国印第安纳州曾因该病使大豆减产35%。该病在我国吉林、江苏、福建、江西、湖北、湖南、贵州、四川、台湾等省均有发生,热带和亚热带地区发病较北方重。

1. 症状 主要侵染茎部和叶片。茎上病斑呈不规则云纹状,褐色,边缘界限不清,表面生有白色菌丝,后变为褐色,上生初为白色后变为褐色的颗粒状物(菌核)。叶部受害初为水渍状不规则形斑块,湿度大时病叶呈烫伤状枯死,天晴时病斑变褐枯死,易脱落。严重时病斑可延至叶柄分枝处,造成植株枯死。荚受害变褐,呈水渍状,上生白色菌丝,后变褐色菌核。受害植株生育不良,茎叶变黄枯死,导致植株不结荚或结荚不结实,即使结实,种子干瘪,易腐烂。

2. 病原　佐佐木薄膜革菌[*Pellicularia sasaki*(Shirai)Ito],属于担子菌亚门。

3. 传播发病　病菌以菌核在土中或以菌丝体和菌核在病株残体上越冬,成为翌年的初侵染源。翌年在适宜温、湿度条件下,菌核萌发长出菌丝体危害大豆,在7～8月份可见大豆田成垄或多个植株接连发病,使植株大部分叶片表现出症状。病菌在田间借雨水和植株接触进行传播。

4. 防治方法

(1)农业措施　在可能的条件下选用抗病品种。合理密植,但避免种植过密。秋后及时清理病株残体和实行土地深翻,减少菌源。实行3年以上轮作,但避免与寄主植物轮作。

(2)化学防治　在必要的情况下,于大豆花期进行叶面喷药防治。有效药剂有20%甲基立枯磷乳油1 200倍液,或75%纹达克(灭锈胺)1 000倍液等。

(十九)大豆荚枯病

大豆荚枯病在世界上发生并不普遍,是大豆生产上一种次要病害,危害不重。该病在我国各大豆产区都有发生,一般发生于大豆的生育后期,造成空荚或秕粒,使豆粒变小,品质变劣,失去发芽能力。

1. 症状　主要危害豆荚。荚上病斑暗褐色,后变苍白色,凹陷,上轮生小黑点(分生孢子器)。幼荚受害易脱落,老荚受害后萎垂不易脱落，病荚多不结实，或结荚豆粒干缩具苦味。茎和叶柄上病斑呈不规则形，灰褐色，密生小黑点(分生孢子器)。茎部受害导致植株叶片变黄，严重可导致植株枯死。

2. 病原 豆荚大茎点霉(*Macrophoma name* Hara)，属于半知菌亚门。

3. 传播发病 病菌以菌丝体和分生孢子器在发病茎秆和豆荚上越冬，或以菌丝体在种子上越冬，成为翌年的初侵染源。

4. 防治方法

(1)农业措施 选用健康种子，淘汰病粒。收获后及时清除病残体或深翻土地，减少菌源。在发病严重地区实行3年以上轮作。

(2)化学防治 采用50%福美双可湿性粉剂或40%拌种双可湿性粉剂，按种子重量0.3%的用量拌种，可有效防治该病。若有必要，可在田间发病初期喷施化学药剂防治，有效药剂有75%百菌清可湿性粉剂600倍液，50%甲基硫菌灵可湿性粉剂600倍液，或36%多菌灵悬浮剂500倍液等。

(二十)大豆茎枯病

大豆茎枯病在国外报道仅是次要病害，或者是腐生性病害。该病主要发生在大豆生长的中后期，对植株生育无明显影响。在我国东北和华北各地均有发生。

1. 症状 主要危害茎部。茎上病斑初为椭圆形，灰褐色，后扩大呈不规则的斑块状、黑色、长条形病斑。植株发病多从茎下部发生，然后向上部扩展，秋天落叶后植株上症状非常明显。

2. 病原 大豆茎点霉(*Phoma glycines* Saw.)，属于半知菌亚门。

3. 传播发病 病菌以分生孢子器在病茎上越冬，成为翌年的初侵染源。病菌在田间借风、雨进行传播。

4. 防治方法 选用抗病品种。秋后及时清理病残体和实行深翻，减少菌源。实行3年以上轮作，减轻发病。

（二十一）大豆黑痘病

大豆黑痘病最早于1947年发现于日本，危害较重。该病在我国东北和华北地区均有发生，常造成叶枯和瘪荚。

1. 症状 叶片、茎及荚都可受害，尤其幼嫩叶片易受侵染。叶上病斑圆形，直径1毫米左右，多分布于叶脉两侧，初呈灰白色，后变黑褐色，最终病叶两边向上反卷，变黑干枯。茎和叶柄上病斑呈椭圆形，可长达20毫米，暗褐色，肥厚隆起，疮痂状，上生不明显的小黑点（分生孢子盘）。

2. 病原 大豆痂圆孢（*Sphaceloma glycines* Kurata & Kuribayashi），[有性阶段为（*Elsinoë glycines* Jenkins）]，属于子囊菌的无性阶段（半知菌）。

3. 传播发病 病菌以菌丝体和分生孢子盘在病株残体上越冬，成为翌年的初侵染源。田间借风、雨进行传播。

4. 防治方法 选用抗病品种和精选无病种子或播前进行种子消毒。秋后及时清除病株残体和实行深翻，减少菌源，或与禾本科作物实行轮作。采用50%福美双或40%拌种双可湿性粉剂，按种子重量0.3%的用量拌种，可有效地防治该病。

（二十二）大豆黑点病

大豆黑点病是世界性发生的病害，在美国、巴西、加拿大、埃及、俄罗斯、印度、日本、泰国和朝鲜均有发生。该病在我国各大豆产区也均有发生。

1. 症状 主要侵染茎、荚及叶柄。茎上病斑多生于茎基部和茎下部分枝处，初呈褐色，后变灰白色，上密布纵向排列的小黑点（分生孢子器）。豆荚受害产生近圆形病斑，初呈褐色，后变为灰白色，干枯死亡，其上生有小黑点。豆荚受害后内侧和豆粒表面密生灰白色菌丝体,病粒呈苍白色,干瘪,丧失萌芽力。

2. 病原 大豆拟茎点霉(*Phomopsis sojae* Lehman),属于子囊菌的无性阶段(半知菌)。有性阶段[*Diaporthe phaseolorum* (Cke. & Ell.) Sacc. var. *sojae* (Lehman) Wehmeyer],属于子囊菌亚门。

3. 传播发病 病菌以菌丝体和分生孢子器在病株残体上越冬,成为翌年的初侵染源,种子亦可带菌越冬,在冷凉、干燥条件下,菌丝体可在贮藏的种子里存活2年。由带病种子长出的幼苗呈系统侵染。越冬的病残体在初夏可产生子囊壳和子囊孢子。在生长季节由病残体释放出分生孢子和子囊孢子,然后借风、雨传播,引起初侵染发病。老叶和受昆虫等伤害的叶片或茎部易受侵染。在大豆开花期至成熟期多雨多湿有利于发病,植株缺钾或感染病毒易受侵染。

4. 防治方法 选用抗病品种和精选无病种子或播前进行种子消毒。秋后及时清除病株残体和实行深翻,减少菌源,实行轮作。增施钾肥,提高植株抗病能力。必要时进行种子消毒,可选用50%福美双或40%拌种双可湿性粉剂,按种子重量0.3%的用量拌种。

(二十三)大豆赤霉病

大豆赤霉病在世界各大豆产区均有发生,在热带和亚热带地区具有潜在的危害性,但在温带地区危害性较小,为次要病害。该病在我国南、北各大豆产区均有发生,主要危害豆荚和豆粒,使大豆产量和品质降低。

1. 症状 主要危害幼苗子叶、豆荚和豆粒。幼苗子叶上病斑生于子叶边缘,半圆形,凹陷,中央淡紫色或淡褐色,边缘紫红色,天气潮湿时病斑表面生粉红色粉状物(分生孢子),天气干燥时病斑干裂。豆荚上病斑近圆形或不规则形,多生于豆荚边缘,半圆形，稍凹陷，上生粉红色或粉白色粉状物（分生孢子），豆荚受害严重时开裂，豆粒常包围一层白色或粉红色霉层（菌丝体和分生孢子）。

2. 病原　镰孢菌（*Fusarium* spp.），属于半知菌亚门。

3. 传播发病　病菌以菌丝体、分生孢子或厚垣孢子在病荚和种子上越冬，成为翌年的初侵染源。病菌在田间借风、雨进行传播，高温、高湿利于发病。种子带菌易引起贮藏期豆粒霉烂。

4. 防治方法

（1）农业措施　选用抗病品种和精选无病种子或播前进行种子消毒。加强排水、排涝，降低田间小气候湿度，可减轻发病。种子入库前应充分晒干，筛除病粒，控制仓库温、湿度。

（2）化学防治　在必要的情况下，在田间发病初期可喷施60%防霉宝水溶性粉剂1 000倍液，每667平方米喷对好的药液50升，间隔10～15天喷1次，共喷2次即可。

（二十四）大豆白粉病

大豆白粉病在世界各大豆产区均有发生，如美国、加拿大、巴西、德国、南非、印度等国家，是温室中栽培植物上的常见病害，近年来已成为美国大豆生产上的一个问题。该病在我国的吉林、河北、四川等省有报道，一般发病较轻。

1. 症状　主要危害叶片，叶上病斑圆形，具暗绿色晕圈，逐渐长满白色粉状物（菌丝体和分生孢子），后期在白色粉状物上长出黑褐色球形颗粒状物（闭囊壳）。

2. 病原　蓼白粉菌（*Erysiphe polygoni* DC.），属于子囊菌亚门。

3. 传播发病　病菌以闭囊壳在病残体上越冬，成为翌年的初侵染源。在大豆生长季节遇适宜条件，闭囊壳开裂，其中的子囊释放出子囊孢子，借风雨传播和侵染叶片，病叶上产生大量分生孢子梗和分生孢子。在田间危害期，主要通过分生孢子进行传播蔓延。

在发病后期，在白粉状物上产生黑褐色闭囊壳。温度在15℃～20℃和相对湿度大于70%的天气条件利于病害发生，雨水过大则不利于病害发生。

4. 防治方法 选种抗病品种。在病害严重发生地区，于发病初期进行药剂防治。有效药剂有75%百菌清可湿性粉剂600倍液，36%甲基硫菌灵悬浮剂500倍液，50%硫黄悬浮剂300倍液，15%三唑酮可湿性粉剂1 500倍液，或50%萎锈灵乳油800倍液或40%福星乳油8 000倍液等。

（二十五）大豆疫病

大豆疫病又称大豆疫霉根腐病，是我国对外一类检疫对象。该病在世界上很多国家有发生的报道，如美国、巴西、阿根廷、加拿大、俄罗斯、白俄罗斯、乌克兰、匈牙利、德国、法国、英国、瑞士、意大利、埃及、尼日利亚、澳大利亚、新西兰、印度、日本、哈萨克斯坦等国。我国仅局部地区有发生的报道。

1. 症状 危害植株的根、茎、叶及豆荚，可引起根腐、茎腐、植株矮化、枯萎和死亡等症状。病种子播种后引起种子和幼芽出土前腐烂或出土后幼苗发生猝倒。主根或侧根等根系受害变褐腐烂，致使根系发育不良。成株期发病往往表现植株叶片由下而上萎蔫发黄，植株逐渐枯萎死亡。剖视茎秆可见髓部维管束变褐坏死。豆荚受害多从基部发生，呈水渍状，逐渐扩展到整个豆荚，最后整个豆荚变褐干枯。病荚中的豆粒也可受到侵染，豆粒表面无光泽，褐色至黑褐色，皱缩干瘪，豆粒变小。该病症状不易与枯萎病象区分，往往借助病菌分离鉴定进行区分。

2. 病原 大豆疫霉（*Phytophthora sojae* Kaufmann & Gerdemann），属于卵菌。

3. 传播发病 大豆疫病是典型的土传病害。病菌以菌丝体和卵孢子随病残体在土壤或混在种子中的土壤中越冬，成为翌年的初侵染源。豆粒种皮、胚和子叶亦可带菌成为病菌远距离传播的重要载体。在大豆种子萌发或生长季节，在适宜条件下，土壤或种子中携带的病原菌丝体或卵孢子萌发，在积水中产生游动孢子囊和游动孢子。游动孢子遇大豆根后形成休止孢子，然后侵入寄主的细胞间，形成球状或指状吸器吸取植物营养，同时也能形成大量卵孢子。土壤中或病残体上的卵孢子可存活多年。卵孢子经30天休眠才萌发。低温多湿的环境条件有利于发病，土壤黏重或重茬地发病重。大豆疫病菌寄生专化性较强，寄主范围不广泛，但可侵染羽扇豆、菜豆、豌豆等。

4. 防治方法

(1)加强植物检疫　该病为我国一类检疫对象，应严格执行植物检疫规定，禁止将带病种子调入调出。

(2)农业措施　加强田间管理，适时中耕培土，收获后及时深翻土地。避免在低洼土地种植大豆，或加强豆田排水排涝，降低土壤湿度，减轻发病。与禾本科作物实行3年以上轮作。

(3)化学防治　播种前采用35%甲霜灵可湿性粉剂按种子重量0.3%的用量拌种。必要时采用化学药剂喷洒或浇灌防治，有效药剂有25%甲霜灵可湿性粉剂800倍液，58%甲霜灵·锰锌可湿性粉剂600倍液，64%杀毒矾可湿性粉剂500倍液，72%克露或72%霜脲·锰锌可湿性粉剂700倍液，或69%安克·锰锌可湿性粉剂900倍液。

思考题

1. 大豆真菌病害发生的规律是什么？有哪些防治措施？

2. 大豆苗期病害有哪些？

3. 大豆土传病害有哪些？

4. 大豆叶部病害有哪些？大豆茎部病害有哪些？大豆荚部病害有哪些？

第四章　大豆病毒性病害

一、病毒性病害的症状特点

大豆病毒病是系统性发生的病害，常导致成株发病。在大豆生产上发生的病毒病害种类并不多，但其危害却非常严重，如大豆花叶病毒病一直是大豆生产的重要病害。大豆病毒病引起的症状常因寄主品种、病毒株系、侵染时期和环境条件等因素的影响而表现出一定的差异。主要症状类型有：①轻花叶型：肉眼观察有轻微淡黄色斑驳，抗病品种和后期染病植株多表现此症状。②重花叶型：病叶呈黄绿相间斑驳，严重皱缩，叶肉突起，叶缘向后卷曲，叶脉坏死，植株矮化，暗绿色。③皱缩花叶型：叶片皱缩、歪扭，叶脉泡状突起，植株矮化，结荚少。④黄斑型：叶片褪绿黄化，呈斑驳状，形状不规则，多沿叶脉发生，可使整片叶子黄化，叶脉变褐坏死。⑤芽枯型：病株顶芽萎缩卷曲，呈黑褐色枯死，发脆易断，植株矮化。开花期花芽萎缩不结荚，豆荚多畸形，上生圆形或不规则形的褐色斑块。⑥褐斑型：因豆粒脐部颜色而异。褐色脐的籽粒斑驳呈褐色，黄白色脐的呈浅褐色，黑色脐的呈黑色。播种带病种子，由其长出的植株上结的病荚里的种子上的斑纹明显，后期由蚜虫传播的染病植株上结的病荚里的种子很少产生褐斑斑纹。

二、病毒性病害的发生规律

大豆病毒以活体状态在种子内存活和越冬，成为翌年的初侵染源。大豆种子带毒率的高低与品种的染病性以及病毒病害发生时的气候条件有关。染病大豆品种的种子带毒率高，重者达 90%以上；在大豆的生长发育过程中，凡染病越早，种子带毒率就越高；在大豆开花前发生病毒病，则所结种子带毒率高，可达 30%～40%；多数品种在盛花期以后再发生病毒病，则种子不再传毒，但某些高感品种在初荚期发病仍有较低的种子带毒率。在大豆病毒病发生期间中，气温是影响病毒病潜育期的重要因素，若病毒潜育期短，则病害流行速度快。平均气温为 29.5℃时，大豆病毒病的潜育期为 4 天；在 24℃时潜育期则为 6 天；在 18.5℃时则为 14 天，但温度高于 30℃时病株可出现隐症现象。所以，气温较高的黄淮流域比东北地区发病重。带毒种子不一定都形成褐斑粒，即种子表面无褐斑不一定不带毒。

大豆病毒病在田间主要通过介体昆虫传播，可发生多次再侵染。研究证明有 30 多种蚜虫能传播大豆病毒病，如大豆蚜、玉米蚜、棉蚜等。介体蚜虫的发生时期、数量和迁飞着落频次及距离直接影响田间病害的发生早晚、流行速度和危害程度。大豆病毒病还可通过汁液摩擦传播。

三、病毒性病害的防治措施

(一)农业措施

建立无病留种田，提倡无病留种。播种前严格筛选种子，清除褐斑粒。在大豆生长期间彻底拔除病株。种子田应与周围毒源植物(大豆及其他寄主作物)隔离 100 米以上，以防外部毒源的传播。要适时早播，避免晚播，使大豆易感病毒期避开蚜虫的高峰期。

(二)选用免疫或抗病品种

对大豆病毒病有抗性的品种有铁丰 18 号、绥农 3 号、丹东金黄豆、辽 85009、丹 90-702、丹 90-705、科系 8 号、齐黄 22、齐都 56-7、鲁豆 6 号、假黄豆、文登青黑豆、莱阳二黑豆、荣城青黄豆、烟青豆 1 号、铁皮黄豆、凤 8501、凤 91-805、白花油豆、刘家河黄豆、抗旱大豆、耐阴黑豆、中品 661、诱变 30、吉林 3 号等。对大豆病毒病免疫的品种有 87812、85444S-1(ZDD19391)、8605091-1(ZDD19397)、凤 91-801(ZDD18144)、凤 91-709(ZDD18160)、丹 807(ZDD18166)、齐都 84(ZDD19361)、RN-9、3481、3317、86537-6、3708、鲁黑豆 2 号、新金黄豆等。

(三)防蚜治病(化学防治)

在经济条件允许的情况下,在播种时可铺银灰色地膜,在提高地温的同时也达到驱蚜的目的,防效可达 80%。可在大豆播种时施用 3%呋喃丹颗粒剂与大豆分层播种,每 667 平方米农田用量5～6千克,因呋喃丹具有内吸性,可达到防治蚜虫的目的。在有翅蚜迁飞前要及时防治蚜虫,有效药剂有 40%乐果乳油 1 000～2 000倍液,或 2.5%溴氰菊酯乳油 2 000～4 000 倍液,50%抗蚜威可湿性粉剂 2 000倍液,10%吡虫啉可湿性粉剂 2 500 倍液。在缺水地区也可以喷洒 1.5%乐果粉剂,每 667 平方米施用 1.5～2 千克。另外,在发病重的地区可在发病初期喷洒一些防治病毒病的药剂,以提高大豆植株的抗病性,如 0.5%抗毒丰菇类蛋白多糖水剂(原名抗毒剂 1 号)300 倍液,或 10%病毒王可湿性粉剂 500 倍液,1.5%植病灵Ⅱ号乳油 1 000 倍液,或 NS·83 增抗剂 100 倍液。

四、常见病毒性病害

在大豆生产上发生的病毒病有大豆花叶病、大豆顶枯病、大豆芽枯病等，这些病毒病在我国东北地区和山东省等大豆栽培区都有发生，但以大豆花叶病发生最为普遍和最严重，占大豆病毒病80%以上，减产可达40%以上。

大豆花叶病

大豆花叶病是世界各地大豆产区普遍发生的病毒病，该病在日本、朝鲜、俄罗斯、北非均是影响大豆产量的重要因素。在我国东北三省生产田中发生的病毒病中，花叶病占90%以上；在山东占80%以上；在皖北、江汉平原和山东省等地因此病减产40%以上。该病不仅引起减产，还使质量下降，所导致的种皮斑驳形成褐粒斑，使商品大豆的价格受到限制，直接影响出口创汇。

1. 症状　主要危害叶片。因病毒株系、危害时期和品种抗病性不同，花叶病症状变异很大，典型症状为植株矮化，叶片呈黄绿相间的花叶并皱缩，叶缘下卷或叶片扭曲，质地硬脆，叶脉变褐，有时沿叶脉两侧有许多疱状突起。病株的种子常出现斑驳或变色，变色部分可以脐为中心呈放射状，斑驳的颜色与种脐颜色一致。

2. 病原　大豆花叶病毒 Soybean mosaic virus (SMV)。

3. 传播发病　大豆花叶病毒主要是种子带毒，成为翌年的初侵染源。种子带毒率高低与品种抗病性和植株发病早晚有关。花叶病毒在田间主要通过蚜虫进行传播，也可通过汁液摩擦传播。

4. 防治方法　选种抗病品种和精选无病种子，及时防治蚜虫可有效减轻发病。

思考题

1. 大豆病毒病害的症状特点是什么?
2. 大豆病毒病害的发生规律如何?
3. 常见大豆病毒病害有哪些? 如何防治?

第五章 大豆线虫病害

一、线虫病害的症状特点

大豆线虫病害多为土传病害，主要为害根部。根部受害导致植株生长发育不良，矮化，叶片褪绿黄化，似缺素状，引起早期脱落。拔出病株可见根系发育不良，侧根减少或根结处侧根增多(如大豆根结线虫病)，细根增多，根系上附有乳白色球状物(雌虫胞囊)。受害植株结荚少或不结荚，若结荚则种子干瘪，瘦小，百粒重明显减轻。田间发病常表现成垄或成片发生，植株黄化矮小症状明显。

二、线虫病害的发生规律

病原线虫以胞囊(含有卵)、少量幼虫和胚胎卵在土壤中越冬，或混生在种子中的土粒中越冬，成为翌年的初侵染源。种子夹带含病原线虫的土粒是大豆线虫病远距离传播的主要途径。在翌年生长季节，越冬虫卵孵化形成1龄幼虫，然后蜕皮1次形成2龄幼虫破壳进入土壤，以口针刺入根系维管束中吸食植物营养。大豆根结线虫刺激根细胞分裂膨大形成结节状瘤，最后经过3龄、4龄幼虫阶段发育成为成虫。病原线虫本身游动的范围很有限，在田间主要通过人、畜、农机具、粪肥、流水及风吹土粒进行传播。在生长季节，线虫因土温差异每年发生的代数不同，一般认为东北3～4代，江浙一带为10代左右，田间以第一代线虫为害最重。

大豆线虫病的发生和流行主要取决于土壤条件、耕作制度、气候条件和作物种类等。同期良好的沙土和砂壤土，或干旱贫瘠的土壤有利于线虫的发育；黏重土壤，氧气不足，线虫死亡率高。连作地发病重，轮作地发病轻。由于禾谷类作物的根分泌能刺激线虫卵孵化的物质，使幼虫从卵孵化后找不到寄主而死亡。因此，与禾本科作物轮作可使土壤中线虫数量急剧下降。

三、线虫病害的防治措施

(一)农业措施

轮作是防治大豆线虫病的最有效措施。轮作年限一般不能低于3年。实践证明，轮作年限越长，防治效果越好。一般与禾谷类作物等非寄主植物轮作，在有条件的地方实行水旱轮作防病效果更好。在大豆播种面积大的地区，应采用轮作与种植抗病品种相结合的方法来防治线虫病，即在轮作制中加入1季抗病品种或诱捕作物，如绿肥作物等，可减少轮作年限和提高防病效果。适当增施有机肥料，提高土壤肥力，促进植株生长，可减轻线虫为害。在高温干旱年份注意适当浇水，效果尤为明显。

(二)选育和利用抗病、耐病品种

根据地区的不同选用相应的抗线虫病品种，在同一地区不宜长期连续使用同一抗性品种。抗病品种有泗豆11号、豫豆2号、9119、7803等，河南商丘选育的7606，江苏省淮阴农科所选育的83-h抗性稳定，科丰2号、3号较耐病。山西省兴县灰皮黑豆、五寨黑豆兼抗大豆胞囊线虫1号、3号、4号、5号生理小种。

(三)化学防治

用于防治大豆线虫病的杀线虫剂有3类：种衣剂（含呋喃丹

等杀线虫剂)、熏蒸剂和非熏蒸剂。使用种衣剂,具有省时、省事和防效明显的特点。尽管可用的熏蒸剂有DD混剂和二溴氯丙烷,但在大豆大面积生产上使用是行不通的,少量地块使用熏蒸剂是可行的。如使用25%DD混剂时,每667平方米用量为40～50千克,于播前15～20天处理土壤,防效较好。由于该熏蒸剂的运输和使用困难,已很少使用。二溴氯丙烷具有很强的杀生作用,每667平方米用量为30千克,于播前10天施入深20厘米沟中,随即覆土播种。使用熏蒸剂要特别注意安全,否则极易对人、畜造成伤害。非熏蒸剂包括涕灭威、力满库等。还可选用复合药剂防线1号(13%灭克磷+甲拌磷)及甲基异柳磷,其效果与以上药剂相似。也可以用甲基异柳磷拌种,其用量为种子重量的0.3%～0.5%,也具有较好的防治效果。

四、常见线虫病害

(一)大豆胞囊线虫病

大豆胞囊线虫病又称黄萎病,俗称"火龙秧子"。该病是目前我国大豆生产上危害最大、发生最普遍的一种病害,尤其在黑龙江、吉林等省的西部干旱地区发生普遍,黑龙江省三江平原各大农场发病面积占45%,有的地方因大面积严重发生而毁种,致使五六年不能种大豆。

1. 症状 大豆胞囊线虫病是由大豆胞囊线虫寄生所致。大豆胞囊线虫主要为害寄主根系造成植株地上部分出现症状。大豆在发病初期或发病轻时,表现为叶片褪绿,逐渐黄化,严重时植株矮化,整株黄化,瘦弱,逐渐干枯而死。苗期发生严重时可造成死苗,严重者不开花。大豆胞囊线虫初侵入根系时,在根表出现褐色斑点,根系发育变弱,根系不发达,根瘤减少,被害根部表皮龟裂,极易受其他真菌或细菌侵害引起腐烂，根内雌虫成熟后虫体露出根表皮。此时，在根上生有白色或淡黄色如小米粒大小的肉质颗粒，即线虫成熟的雌虫，因此，根表雌虫是诊断此病的重要依据。

2. 病原 大豆异皮线虫（*Heterodera glycines* Ichinohe），属于软体动物线虫。

3. 传播发病 胞囊线虫以胞囊（含有卵）形式在土壤中越冬，或混杂在种子间的土粒里越冬，成为翌年的初侵染源。种子中混有胞囊土粒是胞囊线虫病远距离传播的主要途径。田间可借助农机具、粪肥及流水进行传播。

4. 防治方法 与禾本科作物实行 3 年以上轮作，可有效减轻病害。选种抗病品种和清除种子中的土粒也是有效防病措施。

（二）大豆根结线虫病

大豆根结线虫病是世界性分布的线虫病害，在我国许多大豆产区均有发生。该病危害严重时可减产 30％～90％。大豆根结线虫是由多种根结线虫侵染引起的。

1. 症状 大豆根结线虫病主要危害大豆根尖。病株地上部表现矮化、瘦弱、叶片褪绿黄化，严重时植株萎蔫枯死，田间成片黄黄绿绿，参差不齐。拔起病株可看到根系不发达，根瘤稀少，最明显的特征是形成根结。根结大小和数量因发病程度而表现不同，严重时根结聚生，或使整个根系明显变粗。剖视膨大根端可见乳白色的球状物（雌虫—卵囊）。

2. 病原 根结线虫（*Meloidogyne* spp.），属于软体动物线虫。

3. 传播发病 根结线虫以幼虫和卵的形式在根结中或散落在土壤和粪肥中越冬，或混生在种子中的土粒中越冬，成为翌年的初侵染源。种子夹带有根结线虫的土粒是根结线虫远距离传播的主要途径。田间可借助人、畜、农机具、粪肥及流水进行传播。

4. 防治方法　防治方法同大豆胞囊线虫病。

思考题

1. 大豆线虫病害的症状特点是什么？
2. 大豆线虫病害的发生规律如何？
3. 常见大豆线虫病害有哪些？如何防治？

第六章　大豆细菌性病害

一、细菌性病害的症状特点

大多数细菌病害的症状比较典型。对于叶斑类型的细菌性病害,在发病初期在叶上产生小的水渍状或油渍状的病斑,常具有黄色晕圈。在潮湿条件下,在病斑上可以见到污白色、黄白色或黄色的菌脓。菌脓干燥后成为鱼子状的菌痂。腐烂类型的细菌病害往往散发腐败气味,但菌体繁殖结构,易与真菌病害相区别。萎蔫型的细菌病害,横切病株茎基部,稍加挤压可见污白色菌脓溢出,并且使维管束变褐。有无菌脓溢出是细菌性萎蔫同真菌性萎蔫的最大区别。

大豆细菌性病害主要有大豆细菌斑点病、大豆细菌角斑病及大豆细菌斑疹病。其中大豆细菌斑点病和细菌斑疹病是世界性的病害。大豆细菌斑点病在我国南、北方均有发生,北方重于南方。大豆细菌角斑病在国外分布于日本和朝鲜半岛,在我国东北、黄淮流域各大豆主产区常发生该病害。

二、细菌性病害的发生规律

病原细菌主要在种子和土壤表层的病残叶上越冬,成为翌年的初侵染源。在未腐烂的病叶中可存活1年,病组织腐烂后病菌很快死亡,在土壤中不能永久存活。带病种子可引起幼苗发病,病菌通过自然孔口和伤口侵染,在田间借风、雨反复侵染。低温、多雨露的天气有利于细菌斑点病和角斑病的发生,暴风雨后发病尤为严重。生长季节温暖和频繁有阵雨的条件下利于细菌斑疹病的发生。

三、细菌性病害的防治措施

(一)选用抗病品种

在细菌病害严重发生的地区,切勿种植染病品种,应选用较抗病品种,如科黄 2 号、南 493-1、徐州 424、沛县大白角等。

(二)精选种子和种子处理

播前要注意精选种子,剔除病粒和进行药剂拌种。用大豆种衣剂对种子进行包衣处理,或用 1 克农用链霉素对水 5～10 升浸种 30～60 分钟,也可用 50％福美双可湿性粉剂拌种,按种子重量的 0.3％用药量拌种。

(三)化学防治

在发病初期喷洒 1∶1∶160 倍式波尔多液或 30 ％绿得保悬浮液 400 倍液,其他有效药剂有 30％碱式硫酸铜悬浮剂 400 倍液,30％氯氧化铜悬浮剂 800 倍液,或 72 ％农用链霉素可湿性粉剂每公顷 200～350 克对水 1 000 升。

(四)农业措施

与禾本科作物合理轮作。收获后及时收集田间的病株落叶做燃料或堆肥。秋翻土地,将病株残体深埋,促使病残体加速腐烂,消灭菌源。施用腐熟农家肥。

四、常见细菌性病害

(一)大豆细菌斑点病

该病是世界性发生的病害，尤其在冷凉、潮湿的气候条件下发病多，干热天气则阻止发病。该病在我国南北各大豆产区均有发生，北方重于南方。

1. 症状 大豆细菌斑点病主要危害叶片，也可侵染幼苗、茎、叶柄、豆荚和籽粒。发病初期在叶片上形成半透明水渍状斑点，呈褪绿色，后转变为黄色至深褐色多角形或不规则形病斑，直径3～4毫米，周围有黄绿色晕圈。在湿度大时病叶背面常有白色黏液，干燥后形成有光泽的膜，即菌痂。严重时病斑汇合连片，病叶呈破碎状，造成下部叶片早期脱落。荚上病斑初呈红褐色小点，逐渐变成黑褐色斑点，多发生于豆荚的合缝处。种子上病斑不规则形，呈褐色，上覆盖一层菌脓。茎及叶柄受害形成黑褐色水渍状的条状斑。

2. 病原 丁香假单胞大豆致病变种(*Pseudomonas syringae* van Hall pv. *glycinea*)，属于细菌。

3. 传播发病 病菌在种子和病株残体上越冬，成为翌年的初侵染源。田间病菌借风、雨进行传播。多雨天气利于发病，尤其暴风雨过后发病严重。该病菌可侵染豆科其他属植物，如小豆和豇豆。

4. 防治方法 选种抗病品种和精选无病种子。秋后及时清理病株残体和实行深翻，消灭菌源。

(二)大豆细菌角斑病

该病又名细菌性凋萎病。国外分布于日本和朝鲜半岛。国内分布于东北、黄淮流域各大豆产区。

1. 症状 大豆细菌角斑病与细菌斑点病的症状相似，有时不易区分。该病主要危害叶片，也可危害幼苗、茎、叶柄、豆荚等。叶片受害初期形成圆形或多角形小斑点，后变为暗褐色至黑褐色，斑点直径1～2毫米，病斑边缘具细窄的褪绿色晕圈，发病严重时可导致叶片脱落。子叶、茎、叶柄、豆荚上的症状与叶片上的症状相似，病斑中央稍凹陷并溢出菌脓。该病与细菌斑点病的症状主要区别是后者病斑呈黄褐色，病斑边缘晕圈明显，叶背常有菌脓溢出，透明且发亮。

2. 病原 丁香假单胞大豆致病变种日本转化型（*Pseudomonas syringae* van Hall pv. *glycinea* var. *japonica*），属于细菌。

3. 传播发病 病菌在种子和病株残体上越冬，成为翌年的初侵染源。在田间病菌借风雨进行传播，多雨天气利于发病。该病菌只侵染大豆。

4. 防治方法 防治方法同大豆细菌斑点病。

(三)大豆细菌斑疹病(叶烧病)

该病分布于世界各大豆产区。在生长季节温暖和多雨的条件下易于发生，引起早期脱落，使豆粒瘪小而降低产量。

1. 症状 该病从苗期至成株期均可发生，主要危害叶片及豆荚，也可危害茎及叶柄。叶片受害初期呈褪绿小点，后变为红褐色不规则形病斑，直径1～2毫米。病斑中央表皮破裂似火山口而呈斑疹状。病斑周围有不明显的黄色晕圈。受害严重时病斑汇合连片，导致叶片变褐枯死，似火烧状，叶片破裂。豆荚受害初呈红褐色圆形小点，后变为黑褐色枯斑。斑疹病与斑点病的区别在于斑疹病的病斑初期不呈水渍状，并且中央常有一凸起的小疹，病斑周围也没有黄色晕圈。

2. 病原 野油菜黄单胞菌，菜豆致病型，大豆变种（*Xanthomonas campestris* pv. *phaseoli* var. *sojense*），属于细菌黄单胞杆菌属。

3. 传播发病 病菌在种子和病株残体上越冬，成为翌年的初侵染源。在田间病菌借风、雨进行传播。该病菌还可侵染野生大豆、菜豆和爬豆，但不侵染绿豆和豇豆。

4. 防治方法 防治方法同大豆细菌斑点病。

思考题

1. 大豆细菌性病害的症状特点是什么？
2. 大豆细菌性病害的发生规律如何？
3. 常见大豆细菌性病害有哪些？如何防治？

第七章 大豆害虫

一、害虫为害症状特点

大豆害虫均为植食性昆虫，其中多数种类除为害大豆外，还能为害其他作物。大豆害虫因为害部位而表现不同的为害状。地下害虫取食大豆的根和茎，使植株萎蔫，甚至咬断根茎，导致植株枯死，如金龟子对大豆的为害状。有些害虫的幼虫潜伏在叶的组织内，取食叶肉而残留上、下表皮，造成各种形状的隧道，严重时只留下植物叶片的上、下表皮，如潜叶蝇为害状。有些昆虫以刺吸式口器刺破植物组织，吸取其汁液，使受害部分褪色、变黄，造成营养不良、器官萎蔫或卷缩畸形，甚至使植株枯萎和死亡，如同翅目昆虫的为害状。同翅目昆虫在大豆植株上取食时，同时将唾液输入植物组织中，进而破坏植物的细胞壁。当植物细胞内的叶绿体受到破坏时，即出现褪绿和黄化的斑点。有些害虫在为害后期形成卷叶或肿瘤，即所谓虫瘿。叶甲科和象甲科昆虫的为害方式主要是直接取食叶片，也有一些钻茎或钻根。有的害虫主要蛀食豆荚和种子，直接造成缺刻，如大豆食心虫的为害状。

部分大豆害虫除直接造成为害外，还可传播多种植物病毒，如蚜虫、飞虱、叶蝉、粉虱等是多种植物病毒的传播介体。有时由这些介体昆虫传播病毒造成的损失比其直接为害更为严重。

二、害虫的生活习性

地下害虫大多生活在土壤中（如蛴螬等），取食大豆的根茎组织；双翅目害虫则喜欢潮湿的环境，潜蝇科成虫趋光性强，易为灯光所诱集。

直翅目昆虫一般生活在地面上，部分种类生活在地下或树上，为典型的植食性昆虫。蝗虫非常贪食，食物大部分未被消化即排出体外，因为它们取食不仅为了获得营养，而且为了获取水分。尤其在干旱年份，蝗虫取食特别多，为害特别严重。直翅目昆虫一般以卵越冬，多数种类具有保护色，生活在青草中间时体色浓绿，而当草枯后体色就转变为枯黄色。多数种类在白天活动，特别是蝗科的种类，日出以后才开始活动。

所有的同翅目昆虫都是植食性的。它们一般都喜欢集中在植物柔嫩的部位，寄主复杂多样。多数在杂草上越冬，所以清除杂草在防治上显得特别重要。有少数趋光性的叶蝉和飞虱，在微弱的光线下，偶尔也有吸血的现象。其中叶蝉的若虫形似成虫，不很活泼，常聚集在叶背或茎秆上为害，不受惊扰，很少迁徙，在这些部位极易发现它们所留下的蜕皮。成虫行动活泼，能跳跃和飞翔。白天常在植物中下部或叶背，夜间则爬到植物上部或叶面。有趋光性，在高温无风雨的黑夜特别显著。叶蝉通常在无风天气活动，三级以上风力会使它们隐藏而很少活动。对食料方面，要求寄主丰盛而多汁，所以在氮肥过多、植物疯长的地方受害更加严重，杂草多的地方发生也多。而蚜科昆虫多数发生在植物的芽、嫩茎或嫩叶上。具有生活场所的转移和迁移习性。有群集习性。

鞘翅目昆虫多数是植食性的。有的是单食性的，有的是多食性的，如金龟子，几乎什么植物都吃。成虫大多有趋光性，并且几乎所有种类都有伪死性，即当它们受到惊扰时，不是立即飞走或爬开，而是把触角和足缩起，跌落在地上，过一会才爬走。金龟子在土壤中常随温度的变化作垂直的迁移，春、秋上升于地表为害，冬、夏则在土壤深处潜伏。

鳞翅目包括所有的蝶和蛾。蝶类的活动多在白天，蛾类则多在晚间活动，并对不同强度的光表现为正趋性。成虫一般吮吸一定植物的花蜜，也帮助植物起了授粉作用。有些种类的成虫根本不取食，完成交尾产卵任务后即死亡。蝶和蛾的活动，主要是为了觅食、交尾和产卵而飞翔，但它们以幼虫阶段为害植物。有一些鳞翅目的害虫种类，有季节性远距离集体迁飞的现象，这给防治增加了困难。该类成虫常常具有趋化性。

三、害虫的防治措施

（一）播种前的害虫防治

在春季，地下害虫开始取食大豆根部，造成植株枯死和缺苗现象，影响大豆生长和发育，从而降低产量。播种前应清除地下害虫（如蛴螬、地老虎、金针虫幼虫及蝼蛄等），清除在田园枯枝、残叶及田埂、地边杂草中越冬的虫卵（如苜蓿盲蝽、牧草盲蝽等）或一些害虫在杂草中越冬的成虫（斑须蝽、点蜂缘蝽、粟鳞斑叶甲、双斑萤叶甲、豆根蛇潜蝇等），可以降低越冬虫源，减少虫源基数，避免地下害虫为害幼苗根部。

防治方法：①未秋翻的地块，进行春翻，可直接消灭部分蛴螬，也可将蛴螬等翻至地表，使之被天敌啄食、寄生，从而减少虫量。②种衣剂拌种。选用适宜大豆的种衣剂。应用时一定要认真阅读使用说明书，严格按照《农药安全使用规定》操作。③撒施毒土。每667平方米用50%辛硫磷乳油100克，加水500毫升，与过筛的细土20千克混匀。顺垄撒施在播种沟内或苗根附近。④结合春翻地，清除田园枯枝、残叶以及田埂、地边的杂草，将其深埋、沤肥，以消灭越冬成虫。⑤合理轮作。有条件的地区实施水旱轮作。⑥选用抗虫品种。根据不同地区，因地制宜选用。

(二)苗期害虫防治

大豆苗出土,逐渐长出嫩枝、叶。此时,食叶性越冬成、幼虫开始在豆株上取食为害。如蒙古象甲、大灰象甲、拟地甲、粟鳞斑叶甲等成虫;黑绒金龟、大黑鳃金龟、黯黑鳃金龟、华阿鳃金龟等成虫;豆秆黑潜蝇成虫。苜蓿夜蛾、草地螟、小地老虎、大造桥虫、豆卷叶野螟、大造桥虫、肾毒蛾、银纹夜蛾、红棕灰夜蛾、豆蚀叶野螟、焰夜蛾等幼虫都可在大豆苗期为害。

防治方法:①种衣剂拌种。方法同防治地下害虫防治。②撒施毒土。方法同地下害虫防治。③用毒饵或堆草诱杀小地老虎幼虫。毒饵可用鲜菜叶或杂草在90%敌百虫晶体100倍液中浸10分钟,每公顷用450～600千克,于傍晚撒施于大豆幼苗旁边。堆草诱杀则用灰菜、苦荬菜、刺儿菜、苜蓿、艾蒿等杂草或菜叶,每隔4～5米放1堆,翌日早晨,翻草捕杀幼虫,3～4天更换1次。④设灯诱杀。⑤糖醋盆诱杀成虫。用糖5份、醋3份、白酒1份、水10份、90%敌百虫晶体1份混均匀,或用某些发酵变酸的食物,如萝卜、甘薯、烂水果等,加入适量的杀虫剂。⑥喷药防治。在成虫盛发期前,喷洒40%乐果乳油1 000～1 500倍液。

(三)成株期害虫防治

在成株期,大豆枝繁叶茂,是各种害虫的幼虫取食、成虫产卵期。其防治对象包括:大豆蚜虫、大豆红蜘蛛、蓝灰蝶、豆灰蝶等(若、幼虫);双斑萤叶甲、豆卷叶野螟、大造桥虫、白雪灯蛾、豆卜馍夜蛾、苜蓿夜蛾、红棕灰夜蛾、豆小卷蛾、豆蚀叶野螟、焰夜蛾等幼虫;大豆食心虫成虫。

防治方法:①用10%吡虫啉可湿性粉剂3 000倍液喷雾。或2.5%功夫乳油2000倍液喷雾。②每667平方米用40%乐果乳油100毫升拌细沙,撒施。③设灯诱杀。④熏杀成虫。于大豆食心虫成虫发生初盛期。将高粱秸秆穰或玉米轴放入80%敌敌畏乳油(150毫升)中,待药液被充分吸收后,均匀插入豆田或夹于豆株上,或用同样药量拌麦麸15～20千克,撒施于垄沟内熏杀。⑤生物防治。于大豆食心虫成虫产卵盛期,释放赤眼蜂,每667平方米放蜂2万～3万头。⑥保护天敌。在药剂防治前,需掌握大豆田内天敌种群的动态,如果天敌数量较大,则不应急于用药剂防治,以发挥天敌的作用。⑦黄板诱蚜。利用蚜虫有趋黄性,在田间挂黄板诱杀有翅蚜。

(四)收获期害虫防治

在大豆收割时期,部分大豆害虫开始脱荚,入土越冬(如大豆食心虫);食叶性害虫的幼虫也入土结茧或化蛹,准备越冬(红棕灰夜蛾、豆小卷蛾、苜蓿夜蛾、苜蓿夜蛾、豆根蛇潜蝇等);地下害虫入土做土室越冬(大黑鳃金龟、黯黑鳃金龟、华阿鳃金龟、小地老虎、大地老虎、蝼蛄等)。此时期也应适时对各种害虫进行防治,利用害虫的各种特性采取有效的防治措施,为翌年春耕做好准备。

防治方法:①在大豆收获时,在豆垛下铺一层沙或土,待打完豆后用磙子压实,将脱落在沙土中的幼虫杀死。②大豆收获后应及时耕翻土地,压低越冬虫量。③结合秋翻地,清洁田园(方法同播种前)。

四、常见害虫

(一)苗期害虫

1. 苜蓿盲蝽

(1)学名　*Adelphocoris lineolatus* Goeze,属半翅目、盲蝽科。

(2)形态特征　成虫体长约7.9毫米,宽约2.6毫米。体黄褐色，触角4节，细长。前胸背面前缘有2个短黑纹，后部有2个圆形黑斑。小盾片暗褐色，有“T”形黑纹。卵浅黄色，香蕉形，卵盖有一指状突起。若虫青绿色，触角4节。

(3)为害症状　成虫、若虫刺吸植物嫩芽、嫩叶、叶片、果实的汁液，使被害部位出现黑点。

(4)寄主范围及分布　为害大豆、棉花、玉米、南瓜、大麻及其他豆类。分布较广。

(5)防治方法

①农业防治：可在早春越冬卵孵化前，清除田间杂草，消灭越冬卵和成虫。

②化学防治：严重发生时喷洒杀虫剂。40%久效磷乳油或50%甲胺磷药液滴心，既能有效防治多种盲蝽、蚜虫、叶螨类，又能保护天敌。

③生物防治：保护利用草蛉、寄生蜂以及捕食性蜘蛛等自然天敌。

2. 三点盲蝽

(1)学名　*Adelphocoris fasciaticollis* Reuter，属半翅目、盲蝽科。

(2)形态特征　成虫体长约5.7毫米，宽2.4～2.7毫米。体褐色或浅褐色，前胸背板有2个长形黑斑，小盾片黄绿色，与前翅楔状部形成3个黄绿色斑点。卵茄形，浅黄色。若虫黄绿色，触角2～4节基部淡青色，赭红色斑点。

(3)为害症状　以成虫、若虫刺吸植物嫩芽、嫩叶、叶片、果实的汁液为害，被害部位出现黑点。

(4)寄主范围及分布　同苜蓿盲蝽。

(5)防治方法　同苜蓿盲蝽。

3. 牧草盲蝽

(1)学名　*Lygus pratensis* Linnaeus，属半翅目、盲蝽科。

(2)形态特征　成虫体长约6毫米,体长形,浅绿褐色,头部短三角形。前胸背板后缘有2个黑斑。小盾片三角形,基部、中央色深,中央凹陷呈心脏形,外缘黄白色,呈"V"字形。卵浅黄绿色,长袋形,稍弯曲,卵盖瓶口状。老熟若虫黄褐色,夹杂淡绿色。

(3)为害症状　成虫、若虫刺吸植物嫩芽、嫩叶、叶片、果实的汁液,使被害部位出现黑点。

(4)寄主范围及分布　同苜蓿盲蝽。

(5)防治方法　同苜蓿盲蝽。

4. 斑须蝽

(1)学名　*Dolycoris baccarum* Linnaeus,属半翅目、蝽科。

(2)形态特征　成虫体长8.0～13.5毫米,宽5.5～6.5毫米。黄褐色或紫褐色,椭圆形。复眼红褐色,触角5节,黑色,每节基部和端部淡黄色。前胸背板前侧稍向上卷,浅黄色,后部常带暗红色。小盾片三角形,末端钝而光滑,黄白色。足黄褐色,密布黑色刻点。卵桶形,初为淡黄色,后变为赭灰黄色,卵壳有网纹。若虫与成虫形态相似,腹部背面中央和侧缘具黑斑。

(3)为害症状　成虫和若虫吸食寄主汁液,造成植株萎缩、落花、落果、籽粒不饱满,从而降低产量和质量。

(4)寄主范围及分布　大豆、小麦、水稻、棉花及其他豆类等。全国分布。

(5)防治方法　同苜蓿盲蝽的防治。

5. 点蜂缘蝽

(1)学名　*Riptortus pedestris* Fabricius,属半翅目、缘蝽科。

(2)形态特征　成虫体长15～17毫米,狭长,黄褐色至黑褐色,被白色茸毛。头部三角形,自复眼后细缩。触角4节,第一节长于第二节,基半部色淡。前翅稍长于腹末,腹部两侧外露部分黑白相间,腹下有小黑点。足与体同色,其腹面有4个刺和数个小齿。卵为半卵圆形,初暗蓝色,后变为黑褐色。若虫初形似蚂蚁,腹部膨大。

(3)为害症状　成虫和若虫吸食作物汁液，使蕾、花及幼穗凋落，或者形成瘪粒。严重时植株整株枯死，颗粒无收。

(4)寄主范围及分布　除大豆外，尚为害其他豆类和水稻、麦类等各种作物。分布于辽宁、陕西、四川、西藏及东南沿海各省、自治区。

(5)防治方法　参考盲蝽类的防治。

6. 华阿鳃金龟(小黑棕鳃金龟)

(1)学名　*Apogonia chinensis* Moser，属鞘翅目、金龟科。

(2)形态特征　成虫体长7～8毫米，宽4～5毫米。头宽大，触角10节，鳃片部3节，短小。前胸背板宽为长的1倍多，密布椭圆刻点。小盾片三角形。卵圆形，呈光亮的棕黑色、黑褐色或栗褐色。蛹为离蛹，黄褐色。

(3)为害症状　成虫取食植物叶片，幼虫为害旱地植物地下部分。

(4)寄主范围及分布　主要为害双子叶植物、小灌木等。分布于东北、华北、西北地区以及河南、湖北、四川等省。

(5)防治方法　撒药土防治成、幼虫。参照大黑鳃金龟的防治。

7. 大黑鳃金龟

(1)学名　*Holotrichia* spp. 属鞘翅目，金龟科。

(2)形态特征　成虫体长16～21毫米，黑褐色，具光泽，长椭圆形。触角鳃叶状，共10节，鳃片部3节。前胸背板宽大于长，中间最宽。鞘翅每侧具4条明显的纵肋。卵椭圆形，白色。老熟幼虫体长35～45毫米。蛹为离蛹。

(3)为害症状　成虫取食作物叶片，幼虫为害植物的地下部分。

(4)寄主范围及分布　主要为害各种树木、大豆等作物。全国分布。

(5)防治方法

①农业防治：秋、春季翻耕土地，可直接消灭部分越冬蛴螬，并可将大量蛴螬翻至地表，使之被天敌啄食、寄生或冻死等，可减少部分虫量。

②生物防治：有条件的地区，可将白僵菌施入土中。

③化学防治：一是撒施毒土。每667平方米用50%辛硫磷乳油200～250毫升，用10倍水稀释后，喷于20～30千克细土上，拌匀后，顺垄条施，随即浅锄。二是喷药防治。在大豆田成虫盛发期前，喷洒40%乐果乳油1 000～1 500倍液。

8. 黯黑鳃金龟

(1)学名　*Holotrichia parallela* Motschulsky. 属鞘翅目，金龟科。

(2)形态特征　成虫体长17～22毫米，宽9～11.5毫米。窄长卵形，被黑色或黑褐色茸毛，无光泽。前胸背板后部最宽，前缘布有成列的褐色边缘长毛。小盾片呈宽弧状三角形。腹部具蓝青色丝绒色泽。卵椭圆形，乳白色，后期洁白有光泽。老熟幼虫体长35～45毫米，头部前顶刚毛1根。

(3)为害症状　成虫取食植物叶片，幼虫为害各种农作物、苗木地下部分。

(4)寄主范围及分布　除大豆外，还为害榆、杨、梨、苹果等各种树木和果树。多分布于华北、华东、西南、西北地区以及辽宁、河南等省。

(5)防治方法　参照大黑鳃金龟的防治。

9. 黑绒金龟

(1)学名　*Maladera orientalis* Motschulsky. 属鞘翅目，金龟科。

(2)形态特征　成虫体长6.2～9毫米，宽3.5～5.2毫米。卵圆形，黑褐色，有丝绒光泽。触角9节，鳃片部3节。前胸背板横宽，密布细刻点，侧缘列生褐色刺毛。鞘翅边缘具稀短细毛。卵椭圆形，乳白色，光滑。老熟幼虫乳白色，触角基部上方具一圆形暗斑(伪单眼)。蛹为离蛹。

(3)为害症状　成虫取食作物的芽、叶、茎，严重时受害植株呈秃桩状，甚至毁种，幼虫啃食植物地下部分。

(4)寄主范围及分布　成虫为害多种农、林作物。我国除西藏、新疆外，各省、自治区均有发生。

(5)防治方法

①毒土防治：在早春越冬成虫初发期，利用其在地上只爬不飞的时机，撒施毒土。

②药枝诱杀成虫：用20～30厘米长的榆、杨、柳、刺槐树枝浸于40%乐果乳油30倍液或40%久效磷乳油50倍液中10小时，于傍晚前取出插入田间，每公顷插150～225把。

③喷洒药剂：在田间成虫发生量大时喷洒杀虫剂。参见大黑鳃金龟的防治。

10. 沙潜(网目拟步甲)

(1)学名　*Opatrum subaratum* Faldermann. 属鞘翅目，拟步甲科。

(2)形态特征　成虫体长6.4～8.7毫米，扁椭圆形，黑褐色，体背常覆有泥土，故呈土灰色。触角棍棒状，11节，第一、第三节较长。前胸背板发达，密布细沙状刻点，前缘弧凹，边缘扁平。鞘翅长方形，将腹部完全遮盖，上有7条隆起纵线，每纵线两侧有5～8个瘤突，呈网络状。卵椭圆形，乳白色。老熟幼虫背面深灰褐色，前足比中、后足粗大。

(3)为害症状　成虫为害幼苗地上部分，幼虫为害地下部分。

(4)寄主范围及分布　大豆、花生、棉花、禾谷类粮食作物及蔬菜。分布于东北、华北、西北地区及安徽省。

(5)防治方法

①农业防治：调整播期，适期播种，错开沙潜成虫发生期。

②化学防治：撒毒土防治成虫和幼虫。在发生严重的地区或地块，于播种前或移植前每667平方米用3%米乐尔颗粒剂2～6千克混拌50千克细干土，均匀撒于地表后，深耙20厘米；或撒于定植穴内浅覆土后再定植。米乐尔在土壤中的有效期为2～3个月，能有效兼治金针虫、蛴螬、地老虎、地蛆、跳甲幼虫等地下害虫。

11. 粟鳞斑叶甲

(1)学名　*Pachnephorus lewisii* Baly. 属鞘翅目，叶甲科。

(2)形态特征　成虫体长2～2.5毫米，宽约1.5毫米。长椭圆形，暗金属色，全身及足密被灰褐色和白色鳞片状毛。头小，从背面不易看见。复眼黑褐色。触角11节，第一节膨大，第二至第六节细，末端5节呈念珠状。前胸背板短近圆形，鞘翅基部明显宽于前胸背板。3对足等长。卵椭圆形，初为乳白色，后变乳黄色。老熟幼虫乳黄色，似长筒形。蛹为离蛹，初乳白色，羽化时变暗。

(3)为害症状　成虫取食刚出土的幼苗，幼虫为害作物幼根，常造成缺苗断垄。

(4)寄主范围及分布　豆类、粟、黍、高粱、玉米、麦类、亚麻、芝麻、向日葵等。分布于东北、华北、西北地区及河南省。

(5)防治方法

①农业防治：秋季深翻、平整土地，早春清除田边、地头杂草和田内作物根茬、落叶等，集中烧毁或深埋，可消灭大量越冬成虫。

②化学防治：一是撒毒土防治成虫。播种时，每667平方米撒施3%呋喃丹颗粒剂2千克，处理土壤。二是田间药剂防治。在越冬成虫开始活动时，调查虫情，每平方米有虫4～5头时，应及时用40%甲基异柳磷乳油1～1.5千克，拌干土10～15千克，拌匀后撒于植株四周。

12. 蒙古土象

(1)学名　*Xylinophorus mongolicus* Faust. 属鞘翅目,象甲科。

(2)形态特征　成虫体长4.4～5.8毫米,宽2.3～3.1毫米。卵圆形,体覆褐色和白色鳞片,鳞片间散布细毛。前胸背板上有3条淡褐色纵纹,前胸外侧有2条淡纵纹。触角11节,膝状。喙短而扁平。卵椭圆形,由乳白色经黑褐色后变为黑色。老熟幼虫乳白色。蛹椭圆形,乳黄色,复眼灰色,头部及腹部背面生褐色刺毛。

(3)为害症状　成虫为害农作物和苗木的嫩叶和茎,幼虫取食植物根系。

(4)寄主范围及分布　除大豆外,还可取食粮食作物、棉花、麻类、花生等。分布于东北、华北、西北等地区。

(5)防治方法

①农业防治:实行灌溉,增加土壤湿度,控制害虫。

②化学防治:一是药剂拌种。用高效内吸性药剂拌种。用75% 3911乳油0.4～0.5升,对水10～15升搅匀后,拌大豆种子50千克,然后用塑料膜覆盖,每隔4小时翻拌1次,共闷24～36小时,然后晾干、播种。可兼治其他苗期害虫。二是田间防治。在成虫发生盛期,于产卵前,喷施50%辛氰乳油2 000倍液杀灭之。

13. 大灰象

(1)学名　*Sympiezomias velatus* Chevrolat. 属鞘翅目,象甲科。

(2)形态特征　成虫体长7.3～12.1毫米,宽3.2～5.2毫米。雄虫宽卵形,雌虫椭圆形。体黑色,密被灰白色鳞片及褐色鳞片,具金属光泽。前胸中间和两侧有3条褐色纵纹,鞘翅卵圆形,末端尖锐,中间有长方形(近环状)褐斑。小盾片半圆形,中央具1条纵沟。卵长椭圆形,乳白色,两端半透明,后变暗,孵化前为乳黄色。老熟幼虫乳白色,头米黄色。蛹长椭圆形,乳黄色,复眼褐色。

(3)为害症状　基本同蒙古土象。

(4)寄主范围及分布　同蒙古土象。分布于辽宁、河北、山西、陕西、安徽、湖北、内蒙古等省、自治区。

(5)防治方法　同蒙古土象的防治。

14. 二条叶甲

(1)学名　*Monolepta nigrobilineata* Motschulsky. 属鞘翅目,叶甲科。

(2)形态特征　成虫体长约 3 毫米,黄褐色。鞘翅黄褐色,中央各有 1 条略弯曲的黑纵条。触角丝状,11 节。足黄褐色,外侧有深褐色斑纹。卵球形,由乳白色变为黄褐色。幼虫乳白色,头部和臀板黑褐色。足等长,褐色。裸蛹,白色,腹部末端有 1 对弯曲的钩刺。

(3)为害症状　成虫为害植物幼苗的叶片,造成许多小孔洞;幼虫为害大豆根瘤。

(4)寄主范围及分布　为害多种豆科植物。国内各大豆产区均有分布。

(5)防治方法

①农业防治:清除田间杂草、枯枝落叶,减少越冬虫量。

②化学防治:一是药剂拌种。播种前用高效内吸农药拌种,具体做法参见蒙古土象的防治。二是喷药防治。在成虫发生严重的地块喷施药剂防治,方法同蒙古土象。

15. 斑鞘豆叶甲

(1)学名　*Colposcelis signata* Motschulsky. 属鞘翅目,叶甲科。

(2)形态特征　体小型,成虫体长 1.6～3 毫米,卵形,体色变异较大。头、胸部黑色;鞘翅污黄色,有时基部黑色,有些个体全身黑色。翅基部有 1 个黑色斑,而黑色个体则为黄色斑。触角丝状,与足同为污黄色。

(3)为害症状　成虫将豆叶吃成许多孔洞。由于豆苗出土后就受害,随豆株生长造成叶片破碎,严重时幼苗枯萎。

(4)寄主范围及分布　大豆及其他豆科植物。我国广泛分布。

(5)防治方法　见二条叶甲的防治方法。

16. 双斑萤叶甲

(1)学名　*Monolepta hieroglyphica* Motschulsky. 属鞘翅目,叶甲科。

(2)形态特征　成虫体长 3.5～4 毫米,长卵圆形。头、胸红褐色,触角灰褐色。鞘翅基半部黑色,上有 2 个淡黄色圆斑,鞘翅端半部黄色。胸部腹面黑色,腹部腹面黄褐色,体毛灰白色。幼虫黄白色。

(3)为害症状　主要以成虫取食豆叶和花穗,受害部位成孔洞或缺刻。

(4)寄主范围及分布　主要为害大豆、棉花等。分布于东北、华北地区和广西及宁夏等自治区。

(5)防治方法

①农业防治:在严重发生地块进行秋翻,清除田间杂草,消灭中间寄主及卵。

②化学防治:在成虫发生严重的地块,喷施 2%巴丹粉剂或 2%杀螟松粉剂等。

17. 豆秆黑潜蝇

(1)学名　*Melanagromyza sojae* Zehntner. 属双翅目,潜蝇科。

(2)形态特征　成虫体长 2.4～2.6 毫米,黑色,腹部有金绿色光泽。复眼暗红褐色,触角 3 节,第三节钝圆形,其背面中央生有 1 根触角芒,长度为触角的 3 倍。前翅透明,有淡紫色金属闪光。卵椭圆形,初产时白色,后变淡黄色。幼虫蛆形,淡黄白色或粉红色,口器黑色。

（3）为害症状　从苗期开始为害，以幼虫在大豆的主茎、侧枝及叶柄处侵入，在主茎内蛀食髓部。受害植物植株矮小，叶片发黄，似缺肥缺水状，后期成熟提前，秕荚、秕粒增多，百粒重明显降低。

（4）寄主范围及分布　除大豆外，还有赤豆、绿豆、四季豆、大青豆等豆科植物。分布于我国各大豆产区。

（5）防治方法

①轮作换茬：在严重发生田块，换种芝麻或玉米等其他作物1年，可大大降低发生量及为害程度。

②大豆初花期：应防治成虫兼治初孵幼虫。可用50%杀螟松可湿性粉剂、75%辛硫磷乳油1 000倍液喷雾。

③ 成虫盛发期：可使用40%乐果或菊酯类农药加50%辛硫磷，每667平方米用量50～70毫升，稀释1 000倍后作叶面喷雾，对成虫有较好的防治效果，隔6～7天再防治1次幼虫，就可以基本消灭为害。

18. 豆根蛇潜蝇

（1）学名　*Ophiomyia shibatsuji* Kato. 属双翅目，潜蝇科。

（2）形态特征　成虫体长约2.3毫米，亮黑色；复眼暗红色；触角3节，端节球形，芒光滑，生于端节基部背面。前翅翅脉棕黑色，翅面具浅紫色金属闪光，前缘基部有一断裂。卵橄榄形，白色透明。幼虫蛆形，淡黄色半透明，尾部稍细，口钩黑色。蛹黑色，长卵形。

（3）为害症状　主要是幼虫食害大豆主根、茎韧皮部，阻碍水分及养分的输送，以至根部肿胀、根皮腐烂。受害植株矮小、枝叶枯黄、烂根，严重者死苗，降低产量和品质。

（4）寄主范围及分布　大豆、野生大豆。分布于东北三省以及山东、河北及内蒙古等省、自治区。

(5)防治方法

①农业防治：秋后深翻土地15厘米以上，将蛹深埋或翻到地表冻死，同时清除豆田根茬，可减少越冬后的存活率。在大豆根潜蝇发生严重的地区适当早播或晚播，尽量避开成虫产卵和幼虫孵化盛期，可减轻为害。大豆与禾谷类作物实行3年以上大面积轮作，以减轻为害。

②化学防治：50%辛硫磷加多福合剂拌种，用水量为种子量的1%，加辛硫磷0.15%～0.2%、多福合剂0.3%喷在种子上拌匀，阴干后播种。大豆长出第一片真叶时是产卵盛期，可喷撒2%甲萘威粉剂或2%巴丹粉剂，每667平方米用量为1.5～2.5千克。上述粉剂也可制成毒土撒施。

19. 小地老虎

(1)学名　*Agrotis ypsilon* Rottemberg. 属于鳞翅目，夜蛾科。

(2)形态特征　成虫体长16～23毫米，翅展42～54毫米。前翅暗褐色，后翅灰白色。雌蛾触角丝状，雄蛾触角双栉齿状，分枝渐短仅达触角之半，端半部丝状。卵半球形，表面具纵棱和横道，乳白色，后变灰褐色。老熟幼虫黄褐色至黑褐色，头部黄褐色至暗褐色，体表粗糙，满布龟裂皱纹和大小不等的黑色颗粒。蛹红褐色或暗褐色。

(3)为害症状　幼虫春季为害多种作物幼苗，秋季为害秋菜。

(4)寄主范围及分布　大豆、玉米、高粱、麦类、棉花、烟草、豌豆、白菜、茄科蔬菜等。全国各地均有分布。

(5)防治方法　防治关键时期是幼虫3龄以前。

①农业防治：春播前结合春耕进行整地，清除田内外杂草，或播种后在地面喷洒封闭型除草剂，或将杂草沤肥或烧毁，可消灭部分卵和早春的杂草寄主。在作物幼苗期或1～2龄幼虫期进行中耕松土，或在初孵幼虫发生期进行灌水，可消灭大量卵和幼虫。

②诱杀防治：一是设灯诱杀成虫；二是用糖5份、醋3份、白酒1份、水10份、90%敌百虫晶体1份混匀，或用某些发酵变酸的食物如胡萝卜、甘薯、烂水果等，加入适量的杀虫剂也可诱杀成虫；三是毒饵或堆草诱杀幼虫。可做毒饵的原料较多，常用切碎的新鲜菜叶或杂草在90%敌百虫晶体100倍液中浸泡10分钟，制成毒饵，每公顷用450～600千克，在傍晚撒施于作物幼苗旁边；或用90%敌百虫晶体0.5千克，加水2.5～5升，喷在50千克粉碎炒香的棉籽饼、油渣或麦麸上，制成毒饵，每公顷用60～75千克；堆草诱杀多用幼虫喜食的灰菜、苦荬菜、刺儿菜、苜蓿、艾蒿、青蒿等杂草或菜叶，每隔4～5米放1堆，次日早晨翻草捕杀幼虫，3～4天更换1次。

③化学防治：一是药剂拌种。常用药剂有20%蔬果磷乳油，50%辛硫磷乳油，40%甲基异柳磷乳油，2.5%溴氰菊酯乳油，10%除虫菊酯乳油、1.1%苦参碱可溶性粉剂等，按不同药剂的用药量要求拌种，拌混均匀，晾干后播种，可兼治蝼蛄和蛴螬。二是施毒土或毒沙。取一定量药剂与细土或沙混拌均匀制成毒土或毒沙，大豆定苗后，以条施或围施的方法撒于垄台，特别是苗眼周围，每公顷用量300～375千克。常用药剂有50%辛硫磷乳油、50%敌敌畏乳油、2.5%溴氰菊酯乳油等。

④生物防治：充分利用苏云金杆菌、地老虎六索线虫、斯乐线虫等天敌来防治小地老虎。

20. 豆卷叶野螟

(1)学名　*Sylepta ruralis* Scopoli. 属于鳞翅目，螟蛾科。

(2)形态特征　成虫翅展27～29毫米。头黄白色稍带褐色，两侧有白色鳞片，头顶部密生黄白色长鳞毛。前、后翅淡黄色，外缘淡褐色。卵椭圆形或不规则形，初产时黄白色，后颜色变深，卵壳表面有网状纹。幼虫初孵时黄白色，取食后呈绿色。前胸背板和臀板与体色相同。蛹褐色。

(3)为害症状　幼虫将叶片横卷成筒状，还可将数叶卷在一起，造成植物卷叶。

(4)寄主范围及分布　主要为害大豆、豇豆、绿豆、赤豆等。分布于东北地区以及山西、山东、内蒙古等省、自治区。

(5)防治方法

①农业防治：清除田间残枝落叶，消灭越冬幼虫。

②物理防治：设灯诱杀成虫。

③化学防治：在幼虫大量卷叶以前，喷施50%敌敌畏乳油1 000倍液，或2.5%溴氰菊酯乳油2 500倍液，或20%杀灭菊酯乳油3 500倍液。

21. 大造桥虫

(1)学名　*Ascotis selenaria* Schiffermüller et Denis. 属于鳞翅目，尺蛾科。

(2)形态特征　成虫体长15～17毫米，翅展38～45毫米。体色变异较大，多为淡灰褐色。前、后翅上有4个暗褐色星纹，后翅颜色、斑纹与前翅相同，并有条纹与前翅相对应连接。卵长椭圆形，初为青绿色，孵化前灰白色。幼龄幼虫体灰黑色，逐渐变为灰白色，老熟幼虫为灰黄色或黄绿色。头较大，有暗色点状纹。腹部第二节背中央近前缘处有1对深黄褐色毛瘤。腹部仅有1对腹足。蛹黄褐色。

(3)为害症状　幼虫取食叶片，形成缺刻、孔洞。

(4)寄主范围及分布　豆类、花生、棉花、柑橘、小蓟等。分布于东北地区和河北、陕西、山东、江苏、浙江、福建、安徽、湖北、湖南、四川等省。

(5)防治方法

①农业防治：大豆收割后及时秋翻地，消灭部分越冬蛹，减少越冬虫源。

②物理防治：设置黑光灯诱杀成虫。

③化学防治：重点消灭3龄以前的幼虫。可用80%敌敌畏乳油或40%乐果乳油，或2.5%溴氰菊酯乳油、20%甲氰菊酯乳油等喷雾。

22. 肾毒蛾(豆毒蛾)

(1)学名 *Cifuna locuples* Walker. 属于鳞翅目，毒蛾科。

(2)形态特征 成虫体长17～19毫米，成虫翅展雄蛾30～40毫米，雌蛾42～47毫米。黄褐色至暗褐色。雄蛾触角羽毛状，雌蛾触角锯齿状，前翅有2条褐色黄带纹，两带间有1个肾状斑。后翅黄褐色；前、后翅反面黄褐色；雌蛾比雄蛾色暗。卵半球形，淡青绿色。幼虫头部黑褐色，有光泽；体被褐色毛束，腹部8束，背部4束，两侧各2束似飞机的翼，故有飞机毒蛾之称；胸足黑褐色，每节上方白色；腹足暗褐色。蛹红褐色，背面长有长毛，腹部前4节还有灰色瘤状突起。

(3)为害症状 以幼虫食害叶片，吃成缺刻、孔洞，重者全叶被吃光，受害叶片仅剩下网状叶脉。严重影响大豆生长发育，造成不同程度的减产。

(4)寄主范围及分布 除为害大豆外，还为害棉花、柿、柳等。国内各大豆产区均有分布。

(5)防治方法

①农业防治：人工摘除卵块和群集于豆叶的初孵幼虫。大豆收割后清除田间枯株落叶，翻耕土地，减少越冬幼虫。

②物理防治：灯光诱杀成虫。

③化学防治：利用低龄幼虫集中为害的特点，在1～3龄期适时喷洒90%敌百虫晶体800倍液或80%敌敌畏乳油1000倍液，每667平方米喷对好的药液40升，防效可达90%以上。

④生物防治：为保护生态环境，减少农药污染，保证生命健康安全，提倡使用生物杀虫剂，可喷洒每克含100亿个孢子的杀螟杆菌粉700～800倍液。

23. 银纹夜蛾

(1)学名　*Argyrogramma agnata* Staudinger. 属于鳞翅目，夜蛾科。

(2)形态特征　成虫翅展32～36毫米。前翅深褐色，中央处有1个马蹄形银边褐色斑纹和1个近三角形银白色斑纹，两纹靠近但不相连。卵乳白色，渐变为黄色，卵壳上有明显的放射状纵棱。幼虫头绿色，体淡黄绿色，前端细，后端粗。蛹初为淡绿色，渐变为红褐色。

(3)为害症状　幼虫多在叶背面为害，形成缺刻或孔洞。老熟幼虫在叶背结茧化蛹。

(4)寄主范围及分布　主要为害大豆等豆科植物及十字花科蔬菜。各大豆产区都有分布，但以黄、淮、长江流域发生较重。

(5)防治方法

①农业防治：秋收后及时翻耕，清洁田园，破坏其越冬场所，减少越冬虫源基数。

②化学防治：在幼虫发生盛期，在3龄以前可选用下列农药进行喷雾：40%乐果乳油，50%辛硫磷乳油，50%敌敌畏乳油，或50%马拉硫磷乳油。

③生物防治：1 000～2 000倍液幼虫孵化盛期可用苏云金杆菌制剂(含活孢子100亿个/克)稀释800倍喷雾。

24. 豆卜馍夜蛾

(1)学名　*Bomolocha tristalis* Lederer. 属于鳞翅目，夜蛾科。

(2)形态特征　成虫翅展28～32毫米。雄成虫体暗灰色，雌成虫体黑褐色。前翅前缘有一黑色斑，翅顶角有半圆形白色区，外围棕黑色。后翅灰褐色。老熟幼虫头部绿色，体细长。蛹近纺锤形，红褐色至深褐色。

(3)为害症状　幼虫将大豆叶片吃成缺刻或孔洞。严重时可将叶肉吃光仅剩叶脉，影响产量。

(4)寄主范围及分布　只为害大豆。分布于东北、华北地区。

(5)防治方法

①农业防治：一是轮作倒茬。大豆与小麦、玉米或其他非豆科作物实行3年以上的轮作，破坏害虫生存环境。秋收后及时翻耕土地，消灭土中越冬蛹。二是加强中耕管理。大豆生长期加强田间管理，及时进行三铲三耥，破坏化蛹环境，减少成虫羽化数量，降低田间产卵量。

②物理防治：设灯诱杀成虫。

③化学防治：大豆百株有幼虫50头以上为防治适期，常用药剂可参照苜蓿夜蛾的防治。

25. 苜蓿夜蛾

(1)学名　*Heliothis viriplaca* Hüfnagel. 属于鳞翅目，夜蛾科。

(2)形态特征　成虫翅展28～36毫米。头、胸灰褐色，前翅黄褐色，并带青绿色，中横线棕色，较宽。后翅淡黄褐色，中央有一黑斑，后缘、外缘黑色较宽，其中段有一淡褐斑。卵半球形，卵壳表面有纵棱。老熟幼虫淡黄褐色，头淡褐色，上有许多小黑点。体色变化较大，黄绿色至棕绿色，体上有许多纵向条纹。蛹黄褐色。

(3)为害症状　低龄幼虫在顶叶卷叶为害，3龄以后叶片张开，被为害成网状；大龄以后沿叶主脉为害，造成叶片残缺。

(4)寄主范围及分布　主要为害大豆、豌豆、芸豆、甜菜、菠菜等。分布于东北、华北、华中地区以及新疆等自治区。

(5)防治方法

①农业防治：采取秋翻、春耕等措施，消灭部分越冬蛹，压低越冬虫源数量，减轻第一代幼虫的发生量。

②物理防治：用黑光灯或糖醋液诱杀成虫。

③化学防治：在幼虫3龄以前用90%敌百虫晶体、80%敌敌畏乳油，10%氯氰菊酯乳油，2.5%溴氰菊酯乳油，2.5%功夫乳油，

5%来福灵乳油，或20%甲氰菊酯乳油等喷雾。用90%晶体敌百虫1000倍液，或80%敌敌畏1 000倍液，或2.5%溴氰菊酯2 500倍液连续叶面喷施2～3遍。时间应在下午4时以后进行。

④生物防治：当前主要使用微生物农药，如苏云金杆菌、昆虫颗粒体病毒和多角体病毒等。用生物农药Bt乳剂800倍液喷雾或青虫菌、杀螟杆菌(每克含活孢子数100亿个以上)1千克，加水800升，并加入0.1%洗衣粉喷雾效果较好。施药时间应比化学农药适当提前。

26. 红棕灰夜蛾

(1)学名　*Polia illoba* Butler. 属于鳞翅目，夜蛾科。

(2)形态特征　成虫翅展28～41毫米。头、胸红棕色，腹部褐色。前翅红棕色，后翅褐色。卵圆形，初时黄白色，后颜色变深。老熟幼虫头褐色，体淡绿色或黄褐色，体上有许多黑色小圈。蛹纺锤形，红褐色，尾端细。

(3)为害症状　以幼虫取食叶片，轻则缺刻和孔洞，重则全田食光，仅留叶柄、叶脉。

(4)寄主范围及分布　为害大豆、棉花、苜蓿、甜菜、桑、豌豆、葱、胡萝卜、荞麦等。分布于东北、华北、华东、华中等地。

(5)防治方法

①农业防治：秋翻土地消灭部分越冬蛹，减少虫口基数。

②物理防治：利用成虫的趋光习性设灯诱杀成虫。利用成虫产卵成块和幼龄幼虫不分散的特点，极易发现，结合田间管理摘除卵块及初孵幼虫。

③化学防治：参照其他食叶性害虫的防治。

27. 大豆食心虫

(1)学名　*Leguminivora glycinivorella* Matsumura. 属于鳞翅目，卷蛾科。

(2)形态特征　成虫翅展12～14毫米。黄褐色至暗褐色。前翅略呈长方形，沿翅前缘约有10条紫色短斜纹，翅外缘有一银灰色椭圆形斑，斑内有3条紫褐色小横纹。卵椭圆形，白色，渐变为橙黄色。幼虫初孵时黄白色，后变为淡黄色或橙黄色，老熟时为红色，头及前胸背板黄褐色。蛹黄褐色。土茧长椭圆形。

(3)为害症状　幼虫在豆荚内沿豆瓣缝将豆粒食成沟，呈兔嘴缺刻状。

(4)寄主范围及分布　为害大豆、野生大豆、苦参等。分布于东北、华北、西北、华东、华中等地区。

(5)防治方法

①农业防治：一是选用抗虫或耐虫品种。抗虫品种有一定的地区性，必须因地制宜选用虫食率低、丰产性好的品种，如在东北地区可选用吉林1号、3号、4号，铁荚四粒黄，铁丰4号，开育3号。安徽一带可选用鸡腰豆、小油豆、小茶豆、友谊2号、茧壳等。河南省郑州可选用79119-6、周口84-2等，均有较好的抗虫性。二是合理轮作。轮作比连作能降低虫食率。种大豆的地块要选离上年豆茬地至少1 000米以上的，尽量避免重茬。增加虫源地的中耕次数，特别在化蛹和羽化期增加铲耥，可减少成虫羽化。有条件的地区，可实行水、旱田轮作。三是翻耙重茬地。及时收割大豆，尽快运出豆田，并及时清理田间落荚及枯叶，进行秋翻秋耙，破坏食心虫越冬场所。将害虫翻到土表，利用机械损伤、日晒、风吹、雨淋、天敌取食等，增加越冬害虫死亡率。

②生物防治：一是释放赤眼蜂。在成虫产卵期释放赤眼蜂每公顷为30万～45万头，用卵卡为100个，以大头针或曲别针别在豆株上部茎枝上。放蜂地块，在上风头适当增加放蜂点，下风头可以减少放蜂点。二是用白僵菌防脱荚幼虫。在老熟幼虫入土前(9月上旬)，每667平方米用白僵菌粉1.5千克，加细土或草木灰9千克撒在豆田垄台上，落地幼虫接触到白僵菌孢子，遇到适合温、湿度条件时便发病致死。

③化学防治：一是用敌敌畏熏蒸防治成虫。将玉米秸或高粱秸截成20～40厘米长一段，一端去皮留穰，另一端保持原样，将穰浸在80%敌敌畏乳油原液中，每667平方米可用100～150毫升，做成药棒后，将未浸药的一端插在大豆垄台上，每隔4～6垄插1行，每隔4米左右插1根，每667平方米插40～50根。也可用玉米穗轴作载体吸收药液，卡在豆株的枝杈上。注意：敌敌畏对高粱有药害，与高粱间种或附近有高粱的豆地不能使用。二是应用25%辉丰快克乳油300～450毫升/公顷，对水450升喷雾。三是应用30%桃小灵乳油450～600毫升/公顷，对水450升喷雾，施药时期做到在蛾峰期施药。

28. 豆蚀叶野螟

(1)学名　*Lamprosema indicata* Fabricius. 属于鳞翅目，螟蛾科。

(2)形态特征　成虫翅展18～23毫米，黄褐色。后翅有2条褐色波纹状线。卵椭圆形，淡绿色，数十粒排列成鱼鳞状。幼虫头和前胸背板淡黄色，前胸两侧各有1块黑斑。蛹红褐色。

(3)为害症状　幼虫主要食害豆科植物的叶，可将大豆叶片卷成筒状，在其中蚕食，后期亦可蛀食豆荚和豆粒。

(4)寄主范围及分布　主要为害大豆等豆科植物。分布于辽宁、吉林省以及华东、华中、华南等地区。

(5)防治方法

①物理防治：设灯诱杀成虫。

②农业防治：人工捕捉幼虫。利用幼虫卷叶习性，结合田间管理摘除卷叶，带出田间集中销毁。摘除卷叶时将其迅速放入袋中，避免幼虫逃跑。

③化学防治：参照其他食叶害虫的防治。

29. 焰夜蛾

(1)学名　*Pyrrhia umbra* Hüfnagel. 属于鳞翅目，夜蛾科。

(2)形态特征　成虫翅展32～35毫米。头、胸部黄褐色。前翅黄色,具褐边。后翅淡黄色。卵圆形。幼虫头褐色,体青绿色或红褐色,有黄色纹及小点。背线黑褐色,镶浅黄色边。蛹褐色,纺锤形。

(3)为害症状　幼虫取食叶片形成缺刻或孔洞。

(4)寄主范围及分布　为害大豆、烟草、油菜、荞麦等。分布于东北地区和河北、山东、湖北、新疆等省、自治区。

(5)防治方法　同豆卜馍夜蛾的防治。

(二)成株期害虫

1. 短额负蝗

(1)学名　*Atractomorpha sinensis* Boliver. 属直翅目,蝗科。

(2)形态特征　雌成虫体长41～43毫米,雄成虫体长26～31毫米,绿色或黄褐色。头部长锥形,短于前胸背板。触角剑状。前翅翅端尖削,翅长超过后足腿节后端。后翅基部红色,端部淡绿色。卵长椭圆形,黄褐色。

(3)为害症状　啃食叶片成孔洞状,降低产量与品质。

(4)寄主范围及分布　为害大豆、其他豆类、棉花、马铃薯、甘薯、蔬菜等。分布于我国各大豆、棉花产区。

(5)防治方法

①农业防治:在发生虫害严重的地区,于春、秋季清除田埂、地边的杂草,使越冬虫卵暴露于地面而冻死、干死,也可加厚土层,使春季虫卵孵化的若虫不能出土。

②化学防治:做好预测预报,抓住初孵蝗蝻集中为害、扩散力弱的时机喷洒20%速灭杀丁乳油,每667平方米用乳油15毫升加水430升,或每667平方米喷粉或撒施敌·马粉剂1.5～2千克。

③生物防治:保护利用天敌,如青蛙、麻雀、寄生蝇类。

2. 大豆蚜

(1)学名　*Aphis glycines* Matsumura. 属同翅目,蚜科。

(2)形态特征　有翅孤雌蚜长卵形,体长1～1.5毫米,头、胸黑色,腹部黄色或黄绿色。触角6节,约与体等长。腹管圆筒形,黑色,基部比端部粗2倍。无翅孤雌蚜长椭圆形,无翅,体黄绿色,触角短于身体。若蚜形态似成虫。

(3)为害症状　大豆蚜虫群集于被害植株的嫩叶背面、幼茎及生长点等处刺吸汁液,造成叶背扭曲或皱缩,致使植株生长受阻、生育期推迟,同时还传播大豆花叶病毒病。大豆蚜虫还会在取食处排出大量水分和蜜露,妨碍光合作用,减少干物质积累,降低产量和品质。

(4)寄主范围及分布　为害大豆、野生大豆、鼠李。我国大豆产区均有分布。

(5)防治方法　应贯彻"合理用药,尽量保持田间优势种群天敌"的防治方针。

①选用抗蚜品种:要根据地区的不同,因地制宜地选用适宜的优良抗蚜品种。

②物理防治:利用黄板诱杀蚜虫。

③化学防治:一是药剂拌种。用高效内吸性农药拌种,防治早期迁入豆苗上的蚜虫,亦可兼治其他苗期害虫、地下害虫。二是田间防治。在大豆各生育期,当田间卷叶株率达5%～10%或有蚜株率达到50%,百株蚜量1 500头以上,气候适宜、天敌较少而不能控制时,立即进行药剂防治。每667平方米用1.5%乐果粉剂,5%西维因粉剂,或2%扑灭威粉剂1.5～2千克喷粉,或用40%乐果乳油1 500倍液,或抗蚜威可湿性粉剂1 500倍液、增效抗蚜威液剂2 000倍液喷雾。抗蚜威对保护天敌有利,但蚜虫易产生抗药性,应注意轮换使用各种农药。

④生物防治:保护并利用蚜虫的天敌控制蚜虫。蚜虫的天敌

很多，如异色瓢虫、龟纹瓢虫、长扁食蚜蝇、草蛉、小花蝽、蚜小蜂、烟蚜茧蜂、菜蚜茧蜂、草间小黑蛛等。

3. 大青叶蝉

(1)学名　*Tettigella viridis* Linné. 属同翅目，叶蝉科。

(2)形态特征　成虫体长7.2～10.1毫米，青绿色。头部淡黄绿色，呈三角形，两单眼间有1对黑斑；小盾片三角形，黄色。前翅绿色，微带蓝色，末端灰白色，透明。后翅黑褐色，半透明。卵长椭圆形，一端尖，黄白色。若虫灰白色，渐变黄绿色，头大腹小，复眼红色，胸、腹背面有4条褐色纵纹。

(3)为害症状　以刺吸式口器吸取植株汁液，使叶片褪色、变黄，甚至萎蔫、卷缩、枯萎，可传播病毒。

(4)寄主范围及分布　除为害大豆外，还可为害多种植物，如苹果、梨、山楂、桃、杏、麦类、高粱、玉米等。全国各地均有分布。

(5)防治方法

①物理防治：用当前全国推广的“佳多频振式杀虫灯”(河南省安阳市汤阴县生产)诱杀成虫。

②化学防治：于成虫盛发期、若虫孵化盛期喷洒杀虫剂。用5%敌百虫粉剂或2%叶蝉散粉剂，每667平方米用量为2千克；或2.5%保得乳油2 000～3 000倍液，或10%大功臣可湿性粉剂3 000～4 000倍液喷杀。

4. 中国豆芫菁

(1)学名　*Epicauta chinensis* Laporte. 属鞘翅目，芫菁科。

(2)形态特征　成虫体长约22毫米。体黑色，被黑色细短毛。头部两侧红色，额中央有1块红斑。雄虫触角栉齿状；雌虫触角丝状。前胸背板中央有一白色纵纹，鞘翅边缘和中缝均镶有白边。卵长椭圆形，呈卵块排列，初为乳白色，后变为黄褐色。幼虫为复变态，各龄幼虫形态不同。裸蛹。

(3)为害症状　成虫集中在大豆枝叶上取食叶片。常点片发生，能使局部地块成灾。

(4)寄主范围及分布　成虫为害大豆及其他作物如花生、苜蓿、棉花、马铃薯、甜菜、麻、苋菜等。全国各省、自治区、直辖市均有分布，但种类各异。

(5)防治方法　因其幼虫是蝗虫的天敌，一般情况下可不防治。

①农业防治：在成虫大发生的地块，于秋、冬季进行翻耕，消灭越冬幼虫。于清晨网捕成虫。

②化学防治：喷洒杀螟松等防治成虫。

5. 白雪灯蛾

(1)学名　*Spilosoma niveus* Ménétriès. 属于鳞翅目，灯蛾科。

(2)形态特征　成虫翅展55～80毫米。体白色，翅白色，无斑纹。触角栉齿状，白色。前足基部红色，具黑斑。卵球形，呈块状。3龄以前的幼虫体浅黄褐色，体背具两排深褐色小点。老熟幼虫体红褐色，密被褐色长毛。蛹纺锤形，红棕色。

(3)为害症状　幼虫取食叶片呈缺刻。

(4)寄主范围及分布　为害大豆、高粱、小麦、黍、车前、蒲公英等。分布于东北、华北、华东、华中地区以及陕西、河南、广西、四川、云南等省、自治区。

(5)防治方法

①农业防治：清洁田园，将枯枝残叶深埋或沤肥，消灭越冬幼虫。结合田间管理，摘除卵块，捕杀初孵化群集的幼虫。

②物理防治：设灯诱杀成虫。

③化学防治：参照其他食叶类害虫的防治。

6. 斑缘豆粉蝶

(1)学名　*Coliaserate poliographus* Motschulsky. 属于鳞翅目，粉蝶科。

(2)形态特征　成虫翅展45～58毫米。雌、雄成虫颜色不同，雄蝶前后翅鲜黄色或橙黄色，雌蝶有黄、白两种色型。前翅端部约占全翅 1/3 部分为黑色区，区内有大、小不等的黄色斑或浅白色斑数个。卵初为白色，后变为黄色。幼虫深绿色，体节多纵褶，密生细毛。蛹浅绿色，前半部近菱形，头顶尖。

(3)为害症状　以幼虫取食叶片，形成缺刻或孔洞。

(4)寄主范围及分布　为害大豆、苜蓿等豆科植物。分布于东北、华北、华中等大豆产区。

(5)防治方法　在作物采收后清洁田园，消灭越冬蛹。在幼虫为害期喷洒杀虫剂。

7. 豆小卷叶蛾

(1)学名　*Matsumuraeses phaseoli* Matsumura. 属于鳞翅目，卷蛾科。

(2)形态特征　成虫翅展 14～23 毫米。雌蛾前翅棕褐色，斑纹不太明显；雄蛾前翅淡褐灰色，基斑褐色，后翅灰褐色。卵椭圆形，中央隆起，有网状纹。老熟幼虫青褐色，头部、前胸背板淡褐色。蛹黄褐色。

(3)为害症状　幼龄幼虫在嫩芽、茸毛间结成丝质隧道出入为害。3 龄幼虫可把豆叶缀合成饺子状，4 龄以后将顶梢数叶卷成团在其内为害。

(4)寄主范围及分布　为害大豆及其他豆科植物。分布于东北地区和河北、陕西等省。

(5)防治方法　采用黑光灯诱杀成虫；清洁田园，秋翻地消灭越冬幼虫和蛹；人工摘除卷叶团，带出田外集中销毁。

8. 蓝灰蝶

(1)学名　*Everes argiades* Pallas. 属于鳞翅目，灰蝶科。

(2)形态特征　成虫翅展 30～33 毫米，雌雄异型。雄蝶翅蓝紫色，外缘黑色，缘毛白色；尾状突起很细，黑色，末端白色。雌蝶暗褐色。雌、雄蝶翅的反面灰白色；具小黑点及橙黄色小斑。卵圆形，扁平，青绿色至灰白色，表面有网状雕纹。幼虫头黑褐色，身体密被细毛，胴部淡绿色，背线色浓。蛹长椭圆形，淡绿色至淡褐色，背面多毛，上有两列黑斑。

(3)为害症状　幼虫取食大豆叶、芽，形成缺刻或孔洞。

(4)寄主范围及分布　为害大豆、豌豆、豇豆、苜蓿、紫云英等豆科植物。分布于辽宁、黑龙江、陕西、四川等省。

(5)防治方法　在幼虫发生盛期喷洒杀虫剂，所用药剂参见其他叶部害虫的防治。

9. 豆灰蝶

(1)学名　*Plebejus argus* Linnaeus. 属于鳞翅目，灰蝶科。

(2)形态特征　成虫翅展28毫米。雌雄异型。雄蝶前、后翅蓝紫色，外缘黑色，缘毛白色。雌蝶前、后翅暗褐色。雌蝶和雄蝶的前、后翅反面均为灰白色，沿外缘有黑色圆点和黑色新月形点各1列，中间夹有1列橙黄色斑，向里则有1列不规则黑点，具黑色圆斑。卵圆形，扁平，灰白色。幼虫头黑褐色，胴部绿色或绿褐色，背线色深，两侧有黄边。蛹长椭圆形，淡绿色。

(3)为害症状　幼虫为害大豆叶片，常与蚜虫共栖。

(4)寄主范围及分布　为害大豆、苜蓿、紫云英等豆科植物，以及大蓟、小蓟、牛蒡、艾属(蒿属)、鼠曲草等植物。分布于辽宁、内蒙古、山西、陕西等省、自治区。

(5)防治方法　同蓝灰蝶防治。在防治大豆蚜的同时也可兼治此虫。

思考题

1. 害虫的生活习性如何？
2. 常见大豆害虫有哪些？其危害性如何？
3. 大豆苗期害虫有哪些？如何进行防治？
4. 大豆食心虫是如何为害的？如何进行防治？
5. 大豆蚜虫的为害性如何？如何进行防治？

第八章　大豆生理性病害

一、生理性病害的症状特点

植物生理性病害不是由病原物侵染引起的，因此表现出的症状只有病状而没有病症，即在病组织上看不到任何病症，也分离不到病原物。区分生理性病害和侵染性病害时，应明确生理性病害的症状特点。

第一，病害突然大面积同时发生，发病时间短，只有几天，大多是由于大气污染、三废（废气、废水、废渣）污染或极端气候（冻害、涝害、干热风、日灼）等因素所致。

第二，病害只限于某一品种发生，多为生长不宜或有系统性或症状一致的表现，多为遗传性障碍所致。

第三，有明显的枯斑、灼伤，且多集中在某一部位的叶或芽上，无既往病史，大多是由于使用农药或化肥不当所致。

第四，表现明显的缺素症状，多见于顶部新叶，如缺氮、磷、钾肥等。

二、常见生理性病害

（一）气候因素

引起植物生理性病害的气候因素通常包括异常的温度、湿度和光照等。温度是植物生理生化活动赖以顺利进行的基础。各种植物的生长发育都有其各自的最低、最适合最高的温度，若超出了它们的适应范围，就可能造成不同程度的损害。不适宜的温度包括高温、低温、变温，具体讲又有气温、土温和水温3个方面的变化。高温引起的病害，常见的是灼伤。低温的影响主要是冷害和冻害。

1. 冷害 也称寒害，是指0℃以上10℃以下的低温所致的病害。冷害引起的常见症状是变色、坏死和表面斑点、芽枯等。

2. 冻害 是指0℃以下的低温所致的病害。症状表现为水渍状病斑，最后直至变黑、枯干、死亡。

3. 变温 地温过低往往导致大豆幼苗根系发育不良，使根系更容易遭受病原物的侵染。低水温也可以引起大豆生长发育发生异常，剧烈变温对植物的影响往往比单纯的高、低温更大。

4. 旱害 植物因长期水分供应不足而形成过多的机械组织，使一些肥嫩的器官的部分薄壁细胞转变为厚壁的纤维细胞，可溶性糖转变为淀粉而降低品质。同时，植株生长受到限制，植株变得矮小细弱。剧烈的干旱可引起植株萎蔫、叶缘焦枯等症状。

5. 涝害 土壤中水分过多会导致氧气供应不足、根部窒息、根变色或腐烂、地上部叶片变黄、落叶、落花等症状。水分的骤然变化易于引起病害，如先旱后涝容易引起组织开裂。湿度过低，可引起植物的旱害，初期枝叶萎蔫下垂，及时补水尚可恢复。大豆是需水性较强的作物，干旱不利于大豆生长发育，影响开花和结荚，进而影响产量和质量。

6. 光照 大豆是喜光作物，光照不足或光周期不够，都影响大豆的生长和发育。若光照不足常导致植株徒长，影响叶绿素的形成和光合作用，使植株黄化，组织结构脆弱，而且使结荚减少，从而影响产量和质量。另外，光照不足使植株徒长，易于引发倒伏或受到病原物的侵害。光照过强很少单独引起病害，一般都与高温、干旱相联系在一起，如前面提到的日灼病和叶烧病。

(二)矿质营养缺乏

同所有作物一样,大豆生长和发育也需要各种矿物质营养元素。这些矿质元素通常分为常量元素和微量元素,常量元素包括氮、磷、钾,微量元素则包括镁、锌、钙、硼、硫、铜、钼和锰等。任何一种矿质元素缺乏或过剩都能导致大豆表现病态,表现出各种缺素症状或中毒。大豆矿质元素缺乏或中毒症状常因土质不好或施肥不均衡引起的。大豆表现的矿质营养缺乏症有以下类型。

1. 缺氮　首先表现为真叶发黄,严重时植株矮化,叶片从下向上黄化,直至顶部新叶。在复叶上沿叶脉产生平行的连续或不连续铁色斑块,从叶尖向基部逐渐褪绿,直至全叶呈浅黄色,叶脉失绿。叶小而薄,易脱落,茎细长。

2. 缺磷　一般表现为植株生长发育受到阻滞,植株细弱,叶小,有的呈纺锤形,狭长,叶色暗绿或呈蓝绿色,叶边缘向上卷曲,根瘤数量减少,花期和成熟期推迟。大豆是需磷较多的作物,通常需要施加磷肥满足大豆生长和发育的要求。

3. 缺钾　在大豆生育早期表现为在叶边缘产生黄化斑驳的褪绿斑点,后向叶中心扩展,扩大成不规则形斑块,严重时黄化部分可占叶片一半面积,但叶基部仍为绿色。一般由老叶首先表现症状。缺钾严重的植株常使种子发育不良,多皱缩。另外,受害植株根系短、根瘤少。

4. 缺钙　在酸性、沙质和缺少有机肥的土壤中易于发生缺钙现象。缺钙时大豆幼苗发育迟缓,初生叶片呈杯形,顶芽坏死,其他部分失绿。叶脉之间叶肉组织凹凸不平,黄化,叶片柔弱,易脱落。缺钙严重时顶芽枯死,根瘤少。缺钙植株长势弱,易于发病。

5. 缺镁　在3叶期即可显症,多由植株下部叶片首先表现症状。在初期,叶脉之间的组织呈现淡绿色至黄色,后变深黄色,但叶基部仍保持绿色。在后期,在中上部叶片的叶脉间和叶边缘周围可产生铁锈色斑块和坏死斑。老植株表现早熟症状，叶边缘向下卷曲，由叶边缘向中间逐渐变黄，最后使整个叶片变成铜褐色。

6. 缺硫 主要症状表现为叶片变小，叶色呈黄绿色；茎秆变得细长，坚硬。叶片表现的症状很像缺氮或缺磷症状，但茎秆变细长的特征是硫缺素症的主要特征。

7. 缺铁 在初期，在幼嫩叶片的叶脉间的组织发生黄化，在后期，甚至叶脉也褪绿萎黄，最后全部叶片变白。在近叶边缘产生褐色、坏死斑点，使植株生长受到抑制。

8. 缺硼 大豆比较耐硼缺乏，往往在碱性或强酸土壤中种植大豆可表现缺硼症状。主要表现为节间缩短、上部叶片黄化或红化。若遇干燥天气，重者花停止发育。缺硼症状易于缺钙或缺钾症状相混淆。硼过多也易使大豆植株受害，尤其是幼苗阶段，主要表现为叶边缘变褐，甚至坏死，从而限制叶片进一步发育。

9. 缺锰 大豆对缺锰比较敏感，常发生在排水性好的碱性和中性土壤中。叶脉间组织变淡绿色至白色，叶脉保持绿色。症状似缺铁早期症状，但叶脉明显保持绿色。严重缺锰时，叶上产生褐色坏死斑，使叶片提早脱落。在低温条件下缺锰症状表现明显。锰中毒多发生于 pH 值 5 以下的酸性土壤中，植株矮化，叶片皱缩，幼嫩叶片受害最明显，叶脉间黄化明显或不明显。

10. 缺铜 一般大豆植株缺铜症状不明显，但缺铜会引起产量下降。缺铜一般发生于碱性（pH 值 7～8)的泥炭土和粪肥土壤或酸性和高渗漏性的沙性土壤中。

11. 缺锌 症状表现为植株矮化，叶脉间组织褪绿。后期，整个叶片变黄或淡绿色。植株下部叶片变褐色或灰色，并提前脱落。受害植株开花少，豆荚畸形，成熟慢。缺锌现象多发生于风化严重的土壤、碱性粗糙土壤、发生水土流失的土壤、过度施用磷肥的土壤和有机肥含量低的土壤。

12. 缺钼 多发生于极酸性、高度风化、渗漏性的土壤。缺钼导致植株生长、结荚数、每荚籽粒数、籽粒大小、根瘤数及种子的蛋白和全氮含量明显下降。症状似缺氮。叶片变淡绿色或黄色，坏死，扭曲。多在叶中脉、叶脉间的叶肉组织和叶边缘发生坏死现象。

(三)除草剂药害

在大豆生产上经常使用各种农药，如除草剂、杀虫剂、杀线虫剂，以及化学肥料等。如果使用不当，如浓度过高、用量过大、使用时期不适宜等，均可对大豆造成化学伤害。尤其苗后化学除草剂因使用面积大，往往因使用不当，在大豆生产上经常发生除草剂药害。

除草剂对大豆造成的药害主要表现为叶片畸形、黄化、变褐、皱缩、青枯、干枯和植株的矮化甚至死亡等。引起药害的原因有多种。

1. 气象条件　在大豆生产上经常使用的防除阔叶杂草的除草剂对大豆的选择性不强，而且存在不同程度的触杀性药害，但一般对产量影响不大。然而，若遇不良的气象条件，如高温或低温，可能会使药害加重，造成大豆延迟成熟或减产。

2. 使用技术　①喷药机械不合格，如喷杆高度不合适，无搅拌装置，喷嘴流量不准确，喷洒不均匀，喷液量和用药量不准确，加上剩余药液重复喷施等因素，常造成药害，一般在田间地头处药害偏重。②施药时气象条件不良，如在施用苗后除草剂时，部分农民认为温度越高药效越好，因此选择晴天中午高温时喷药。但多数除草剂在温度超过 27℃或低于 15℃时，易产生药害。③施药时期不当，如在大豆 3 片复叶期后喷施豆草特，会使大豆生长受抑制，常需 20 天才能恢复正常生长，易使大豆茎叶脆和易折断，结荚少，生育期滞后而减产。④除草剂混用不当易于产生药害，药剂之间可能产生拮抗作用或抑制大豆对除草剂的解毒作用而造成药害，如豆草特与豆磺隆、三氟羧草醚与稀禾定混用，易对大豆产生药害。⑤用药量过大也易于产生药害，任何除草剂都有一定的安全用量范围。部分农民为了提高除草效果，往往盲目加大用药量而发生药害。⑥前茬作物田的农药残留可能会对后茬大豆产生药害，如上茬玉米田使用的三嗪除草剂的阿特拉津（或称莠去津）易对下茬大豆产生药害。农药残留药害多发生于有机质含量低和酸性土壤。

3. 品种不同对除草剂的耐药性不同 调查发现，宝丰系列、垦农18号大豆耐药性最强，其次是北丰系列和黑河系列大豆，而绥农15号大豆耐药性较差。使用同样剂量，如每公顷用5%豆草特1.5升+20%豆磺隆80克时，宝丰7号、垦农18号大豆未见药害症状，垦鉴豆4号、北93-454大豆轻微出现叶皱缩，一般7天后恢复正常生长；绥农15号大豆则出现叶片严重皱缩，须根少，生长点受到抑制，严重时整株枯死或生长点死亡，若恢复正常生长需20天左右的时间。

（四）杀虫剂药害

在大豆生产上也常因为杀虫剂使用不当，如使用杀虫剂的种类、浓度、次数等不合理，都可能产生药害。对大豆敏感的杀虫剂有敌敌畏、敌百虫、辛硫磷、杀虫单、克螨特、石硫合剂等。

当大豆发生药害时，可采取积极的补救措施，如喷清水或略带碱性水进行淋洗。由于大多数农药（除敌百虫外）遇碱性物质容易分解失效，因此可在喷洒清水中适量加入0.2%的碱面或0.5%～1%的石灰水，能减轻药害。

（五）空气污染

空气污染通常导致大豆突然大面积发生病害，表现的症状有：植株叶面出现斑驳或褪绿；叶缘变黄褐色，枯死；叶色漂白，脉间出现坏死斑，叶缘焦枯，小叶卷曲并提早脱落等。豆科作物对二氧化硫最为敏感，受污染后，生长受到抑制，低浓度导致叶片失绿，高浓度使脉间漂白。空气污染的主要来源是化学工业和内燃机排出的废气，如氟化氢、二氧化硫和二氧化氮等。有些气体扩散范围较为有限，其危害主要是污染源附近，如水银蒸气、乙烯、氨、氯气等。有些污染气体扩散距离较远，如二氧化氮、臭氧、过氧酰硝酸盐、二氧化硫等，造成的危害更大。

思考题

1. 大豆生理性病害的症状特点如何？
2. 引起大豆生理性病害的因素有哪些？
3. 如何诊断大豆矿质营养缺乏症？
4. 如何避免除草剂药害？

第九章　大豆田杂草

一、杂草危害

杂草危害是大豆减产的重要原因之一，特别是北方5～8月份正值杂草发生期和雨季，如果田间管理粗放，容易造成草荒。一般草荒地块每平方米杂草达400～500株，可造成大豆减产20%～70%。如在稗草大量发生的地块，大豆植株上的荚数和每荚中的豆粒数均减少，使百粒重降低，从而造成减产。如每667平方米豆田有苍耳6000株以上，危害4周、8周和16周以后，使大豆分别减产10%、40%和80%。

大豆田有一种危害性较大的寄生性杂草——大豆菟丝子，它广泛分布于黑龙江、吉林、辽宁、河北、河南、山东、江西、江苏、湖南、湖北等省的春、夏大豆产区。被寄生的大豆一般减产10%～20%，重者达40%～50%，严重时可减产70%～80%，甚至颗粒无收。

杂草对大豆的危害主要表现在以下几方面：杂草通过地下发达的根系与大豆竞争养料和水分；杂草与大豆竞争光照资源和生长空间；由于杂草抗逆性强，许多越年生或多年生的杂草成为害虫或病原物的中间寄主或越冬场所，在大豆生长期间逐渐迁移到大豆上进行危害。

杂草种类不同，其竞争能力也不同。通常双子叶（阔叶）杂草枝叶茂盛，根系强大，其单株竞争能力强于单子叶杂草。单子叶杂草（禾本科、莎草科）多为1年生或多年生丛生型，其发生密度较大，群体竞争能力较强，且在密度小的时候可产生较多分蘖，具有较强的竞争能力。

杂草与大豆的竞争是一个复杂的生物学过程，与气候、土壤、杂草和大豆生育期等各种因素密切相关，尤其是大豆不同生育期对杂草的反应是不同的。大豆播种后至大豆出苗后 4 周内，由于杂草和大豆均刚萌芽，植株矮小，生长所需养料较少，彼此不互相遮挡，因此竞争关系不明显。至大豆出苗后 7～8 周，大豆和杂草都进入旺盛生长期，彼此竞争加剧，此时过多的杂草会影响大豆分枝，从而影响大豆花荚的形成。大豆开花后过多杂草会影响籽粒的饱满度。

二、杂草种类

大豆在我国有数千年的栽培历史，全国各地均有种植。豆田杂草有 50 余种，其中禾本科杂草占 26.2%，阔叶杂草占 69%，莎草科杂草占 4.8%；1 年生杂草占 78.5%，多年生杂草占 21.5%。其中马唐、香附子、牛筋草、马齿苋、铁苋菜为豆田杂草的优势种。尽管发生在大豆田的杂草种类较多，但常发性和危害严重的只有 20 余种。

（一）蕨类杂草

问荆（*Equisetum arvense* Linn.）　木贼科，多年生草本植物。高 30～60 厘米；地下有横生的黑褐色根状茎；地上气生的直立茎细长，有节和节间，节间通常中空，表面有明显的纵棱；生殖枝无色或带褐色，春季由根状茎上生出，单生无分枝，顶端生有 1 个像毛笔头似的孢子叶穗；营养枝绿色多分枝，每年春末至夏初当生殖枝枯萎时，从地上茎上长出；叶退化为细小的鳞片状。

(二)阔叶杂草

1. 凹头苋(*Amaranthus lividus* Linn.)　苋科,1年生草本植物。全株无毛,茎平卧而上升,高10～30厘米;叶互生,具长柄;叶片顶端有凹缺;叶柄比叶片稍短;花簇腋生于枝之上部,穗状花序或圆锥花序,苞片干膜质,花膜质,具3枚被片;种子倒卵形至圆形,黑褐色,有光泽。以种子繁殖。

2. 野苋(*Amaranthus viridis* Linn.)　苋科,1年生草本植物。茎直立,高20～80厘米,有分枝,密生短柔毛;叶互生有长柄;叶片卵形至椭圆状卵形,先端稍凸或略凹,小芒尖,两面和边缘具柔毛;花序圆锥状,顶生或腋生;花白色,具5枚被片,具浅绿色中脉1条;种子圆形至倒卵形,表面黑色。

3. 藜(*Chenopodium album* Linn.)　即灰灰菜,藜科,1年生草本植物。株高60～120厘米;茎直,粗壮,多分枝。叶互生,叶片菱状,卵形或披针形,长3～6厘米,宽2.5～5厘米,边缘有不整齐的锯齿;秋季开黄绿色小花,花两性,多数花簇排成腋生或顶生的圆锥花序;胞果全体包于花被内或顶端稍露,果皮薄和种子紧贴。种子双凸镜形,光亮。

4. 小藜(*Chenopodium serotinum* Linn.)　藜科,1年生草本植物。株高20～100厘米;茎直立,分枝,有棱角及条纹;叶互生,下部叶片3裂,近基部2裂片短,椭圆形或三角形,各裂片的下方通常有一小齿;中部的叶片椭圆形,边缘具波状牙齿,先端钝,基部楔形;上部叶片渐小,狭长,有浅齿或近于全缘;叶柄细长而弱;花序腋生或顶生,花簇细而疏;胞果全体包于花被内,种子扁圆,黑色。

5. 灰绿藜(*Chenopodium glaucum* Linn.)　即灰菜,藜科,1年生草本植物。株高10～45厘米;茎通常由基部分枝,斜上或平卧,有沟槽与条纹;叶片厚,带肉质,椭圆状卵形至卵状披针形,长

2～4 厘米，宽 5～20 毫米，顶端急尖或钝，边缘有波状齿，基部渐狭，表面绿色，背面灰白色、密被粉粒，中脉明显；叶柄短；花簇短穗状，腋生或顶生；种子扁圆，暗褐色。

6. 牛繁缕（*Malachium aquaticum* Scop.）　石竹科，多年生草本植物。全株光滑，仅花序上有白色短软毛；茎多分枝，柔弱，常伏生地面；叶卵形或宽卵形，长 2～5.5 厘米，宽 1～3 厘米，顶端渐尖，基部心形，全缘或波状，上部叶无柄，基部略包茎，下部叶有柄；花梗细长，花后下垂；苞片 5 枚，宿存，果期增大，外面有短柔毛；花瓣 5 片，白色。蒴果卵形，5 瓣裂，每瓣端再 2 裂。花期 4～5 月份，果期 5～6 月份。

7. 猪毛菜（*Salsola collina* Pallas.）　藜科，1 年生草本植物。株高可达 1 米；茎近直立，通常由基部多分枝；叶条状，圆柱形，肉质，长 2～5 厘米，宽 0.5～1 厘米，先端具小刺尖，基部稍扩展下延，深绿色或有时带红色，光滑无毛或疏生短糙硬毛；穗状花序，小苞叶 2 片，狭披针形，先端具刺尖，边缘膜质；果期背部生出不等形的短翅或草质突起；胞果倒卵形，果皮膜质。

8. 地肤（*Kochia scoparia* Linn. Schraer.）　藜科，1 年生草本植物。株高 50～150 厘米；茎直立，多分枝；分枝与小枝散射或斜生，淡绿色或浅红色，幼时有软毛，后变光滑；叶片线形或披针形，长 3～8 厘米，宽 4～12 毫米，两端均渐狭细，全缘，无毛或有短柔毛；无柄；花无梗，1～2 朵生于叶腋；胞果扁球形，包在草质花被内；花期 7～9 月份，果期 8～10 月份。

9. 龙葵（*Solanum nigrum* L.）　茄科，1 年生草本植物。幼苗全体无毛，子叶宽披针形，初生叶 1 枚，宽卵形；成株茎直立，分枝多，无毛，株高 30～100 厘米；叶互生，有长柄；叶片卵形，全缘或具不规则的波状粗齿，两面光滑或具疏短柔毛；伞形聚伞花序短蝎尾状，腋外生，有 4～10 朵花，花冠白色，花梗下垂，花萼杯状，5 裂片，裂片卵状三角形。浆果球形，成熟时黑色；种子扁平，近卵形。

10. 风花菜[*Rorippa palustris* (Leyss.) Besser.] 十字花科,2 年生或多年生草本植物。株高 15～90 厘米;茎稍斜上,无毛或稍有毛,有分枝;基生叶多数簇生,羽状深裂,长达 12 厘米,顶生裂片较大,卵形,侧生裂片较小,5～8 对,边缘有钝齿,只在叶柄和中脉疏生短毛,其他部分无毛;茎生叶互生,不分裂,披针形。

11. 香薷(*Mosla chinensis* Maxim.) 唇形花科,1 年生草本植物。株高 30～50 厘米,基部紫红色,上部黄绿色或淡黄色,全体密被白色茸毛;茎方柱形;直径 1～2 毫米,节明显,节间长 4～7 厘米;质脆,易折断;叶对生,多皱缩或脱落,叶片展平后呈长卵形或披针形,暗绿色或黄绿色,边缘有疏锯齿;穗状花序顶生及腋生;苞片宽卵形,脱落或残存;花萼宿存,钟状,淡紫红色或灰绿色,先端 5 裂,密被茸毛;小坚果 4 个,近圆球形,具网纹,网间隙下凹呈浅凹状。

12. 圆叶牵牛[*Pharbitis purpurea* (Linn.) Voight] 旋花科,多年生草本植物,常作 1～2 年生栽培。株高 15～30 厘米,叶心形至圆形;花着生于枝顶或叶腋间,花冠漏斗形,直径为 5～10 厘米;花色有紫红、桃红、纯白、肉色及鲜红具白色纹、桃红具白斑纹、淡蓝具浓红色脉纹等;花期较长。

13. 裂叶牵牛[*Pharbitis hederacea* (Linn.) Choisy] 旋花科,多年生草本植物,常作 1～2 年生栽培。株高 15～30 厘米,叶 3 浅裂;花着生于枝顶或叶腋间,花冠漏斗形,直径为 5～10 厘米;花色有紫红、桃红、纯白、肉色及鲜红,具斑纹。

14. 打碗花(*Calystegia hederacea* Wall.) 旋花科,多年生草本植物。茎蔓生、缠绕或匍匐状,有棱角,无毛,基部常有分枝;叶互生,基部叶片近椭圆形,长 1～4 厘米,宽 2～3 厘米,基部心形,全缘;茎上部叶三角戟形,侧裂片开展,常具 2 浅裂,中裂片披针形或卵状三角形,先端钝,有尖头,基部心形,有长柄;花单生叶腋;苞片 2 个,生于萼筒外,大型,绿色;萼片 5 个,长圆形,稍短于苞片，具小凸尖；花冠漏斗状，淡粉红色，长 2～3 厘米；蒴果卵圆形，光滑；种子卵圆形，黑褐色；花期 5～6 月份，果期 7～8 月份。

15. 马齿苋（*Portulaca oleracea* Linn.）　马齿苋科，1 年生草本植物。通常匍匐生，肉质，无毛；茎带紫色；叶楔状，长圆形或倒卵形，长 10～25 毫米，宽 5～15 毫米。花 3～5 朵生枝顶端，黄色，中午开放最盛；花瓣 4～5 裂，裂片顶端凹；雄蕊 10～12 枚；种子细小，扁圆，黑色，表面有细点；夏季开花。

16. 苘麻（*Abutilon theophrasti* Medic.）　锦葵科，1 年生草本植物。植株茎直立，有柔毛；株高 30～150 厘米；叶互生，有长柄；叶片先端尖，圆心形，基部心形，四周具粗细不等的锯齿，两面全有毛；花鲜黄色，单生于叶腋，花梗细长，花萼 5 裂，杯形；蒴果半球状，具粗毛，先端生 2 长芒；种子灰褐色，肾状卵形，有毛。

17. 猪殃殃（*Galium aparine* var. *tenerum* Reichb.）　茜草科，蔓生或攀缘状草本植物。茎四棱形，棱上和叶背中脉及叶缘均有倒生细刺。叶 6～8 片轮生，线状倒披针形，长 1～3 厘米，宽2～4 毫米，顶端有刺尖，表面疏生细刺毛，无柄；花 3～10 朵组成顶生或腋生的聚伞花序；花萼有钩毛；花冠辐射状；果球形，密生钩毛，果柄直生；花果期 4～6 月份。

18. 酸模叶蓼（*Polygonum lapathifolium* Linn.）　蓼科，1 年生草本植物。茎直立，株高 30～100 厘米，有分枝，光滑无毛；叶互生，具柄；叶片披针形或宽披针形，叶面常有黑褐色新月形斑块，无毛，全缘，边缘有粗硬毛；托叶鞘筒状，膜质，无缘毛或疏生短毛；花序穗状，顶生或腋生，长圆柱状，通常数个排列成圆锥状；花被 4 深裂，淡红色或白色。蒴果圆卵形，扁平，两面微凹，黑褐色。

19. 穿叶蓼（*Polygonum perfoliatum* Meisn.）蓼科，多年生蔓性草本植物。茎有棱，带红褐色，具倒生刺，长达 2 米左右，无毛；托叶鞘叶状，近圆形，径 2～3 厘米，穿茎；叶柄长 2～8 厘米，无毛，疏被倒生钩刺，叶片质薄，近正三角形，底边长 3～8 厘米，高

2～5 厘米，基部截形或微心形，先端微尖，全缘，表面绿色，无毛，背面生钩刺；花序短穗状，顶生或生于茎上部叶腋，通常包于鞘内，1～3 厘米，花多数；花序梗短，花被 5 裂，裂片白色或粉红色，果期稍增大，稍肉质，蓝色；坚果球形，黑色，有光泽，直径约为 3 毫米，包于花被内。

20. 长刺酸模(*Rumex maritimus* Linn.)　蓼科，多年生草本植物。株高 10～60 厘米，茎直立，具棱槽，自中下部分枝；茎下部叶披针形或披针状椭圆形，长 4～15 厘米，宽 5～20 毫米，先端具短尖，具短柄或近无柄。花两性，多花簇生成轮，在枝上成总状花序，全株长圆锥花序；花梗细，长于或等长于花被片，近基部具关节；外轮花被片窄小，内轮花被片果期增大，卵状三角形，先端渐尖，沿缘每侧具 2～5 刺毛状的齿，刺齿长超过花被片的宽度，每片都具一长圆形的大瘤；花果期 5～8 月份。

21. 红蓼(*Polygonum orientale* Linn.)　蓼科，1 年生大型草本植物。株高 1～3 米，茎直立，中空，多分枝，全株密被粗长毛，叶大，互生，阔卵形或卵状披针形，长 10～20 厘米，宽 6～12 厘米，先端渐尖，基部浑圆或稍呈心形，全缘；托叶鞘筒状，下部膜质，褐色，上部草质，绿色有缘毛；总状花序顶生或腋生，柔软下垂如穗状，小花粉红或玫瑰红色，花期 7～9 月份。

22. 铁苋菜(*Acalypha australis* Linn.)　大戟科，1 年生草本植物。株高 30～50 厘米，被柔毛；茎直立，多分枝；叶互生，椭圆状披针形，长 2.5～8 厘米，宽 1.5～3.5 厘米，顶端渐尖，基部楔形，两面有疏毛或无毛；叶脉三出，叶柄长 1～3 厘米；花序腋生，有叶状肾形苞片 1～3 个，不分裂，合时如蚌，通常雄花序极短，着生在雌花序上部；蒴果小，钝三棱形；果期 8～11 月份。

23. 荠菜[*Herba capsellae* (Linn.) Medic.]　十字花科，1 年生或 2 年生草本植物。株高 15～40 厘米，稍有分枝毛或单毛；基生叶丛生，有柄，大头羽状分裂，裂片常有缺刻；茎生叶狭披针形,长1~2厘米,宽约2毫米,基部耳状抱茎,边缘有缺刻或锯齿;总状花序顶生及腋生,花小,萼片4裂;花瓣4裂,白色,呈十字形展开;短角果倒三角形或倒心形,扁平,先端微凹;种子2列,长椭圆形,淡褐色;花期3~4月份,果期5~6月份。

24. 地锦(*Euphorbia humifusa* Willd.) 大戟科,1年生匍匐草本植物,有白色乳汁。茎纤细,近基部分枝,带紫红色,无毛;叶对生,长圆形,长4~10毫米,宽4~6毫米,先端钝圆,基部偏斜,边缘有细齿,绿色或带红色,两面无毛或疏生柔毛;杯状聚伞花序单生于叶腋;总苞倒圆锥形,淡红色,先端4裂,裂片长三角形;腺体4裂,横长圆形,有白色花瓣状附属物;蒴果三棱状,球形,无毛;种子卵形,黑褐色,外被白色蜡粉;花期7~10月份,果实7月份后渐次成熟。

25. 合萌(*Aeschynomene indica* Linn.) 豆科,半灌木状草本植物。茎直立,圆柱形,质软中空;双数羽状复叶,小叶20对以上,矩圆形,长3~8毫米,宽1~3毫米,全缘,总状花序腋生,花少数,膜质苞片2裂;花萼二唇形,花冠黄色带紫纹,旗瓣近圆形;荚果条状矩圆形,有6~10荚节;种子肾形,黑褐色;花期7~8月份,果期9~10月份。

26. 萝藦[*Metaplexis japonica* (Thunb.)Makino] 萝藦科,多年生缠绕草本植物,有乳汁。叶对生,卵状心形,长5~10厘米,宽3~6厘米,顶端渐尖,背面粉绿色,无毛;叶柄长2~5厘米,顶端有丛生腺体;总状聚伞花序腋生,有长的总花梗;花萼有柔毛;花冠白色,近辐状,内面有柔毛;副花冠杯状,5浅裂。蓇葖果单生,长角状纺锤形,长8~10厘米,宽2~3厘米,平滑;花期7~8月份,果期9~10月份。

27. 三裂叶豚草(*Ambrosia trifida* Linn.) 菊科,1年生粗壮草本植物。株高50~120厘米,有时可达170厘米,有分枝,被短糙毛,有时近无毛;叶对生,有时互生,具叶柄,下部叶3~5裂,上部叶3裂或有时不裂，裂片卵状披针形或披针形，顶端急尖或渐尖，边缘有锐锯齿，有3基出脉，粗糙，上面深绿色，背面灰绿色，两面被短糙伏毛；雄头状花序多数，圆形，径约5毫米，有长2～3毫米的细花序梗，下垂，雌头状花序在雄头状花序下面上部的叶状苞叶的腋部聚作团伞状，瘦果倒卵形，无毛，藏于坚硬的总苞中；花期8月份，果期9～10月份。

28. 豚草(*Ambrosia artemisiifolia* Linn.)　菊科，1年生粗壮草本植物。茎直立，株高20～150厘米，具分枝，有糙毛。叶对生或互生，1～2回羽状分裂，裂片条状具短糙毛；头状花序单性，雄头状花序居多，在枝顶形成总状花序，总苞蝶形，有波状圆齿；雌头状花序无梗，生在雄头状花序下部叶腋处，2～3朵簇生或单生，各具1枚有花被的雌花；瘦果包在总苞内，总苞倒卵形，周围具短喙5～8个，先端有锥状喙。

29. 苣荬菜(*Sonchus brachrotas* DC.)　菊科，多年生草本植物，含乳汁。株高20～70厘米，具长匍匐茎，地下横走，白色；茎直立，单叶互生，茎生叶基部渐狭成柄，边缘具疏浅裂；茎生叶无柄，基部耳状抱茎；头状花序单一或2～8个于茎顶排成伞房状；花两性，皆为黄色舌状；瘦果长圆形，冠毛白色；开花期在6～9月份，果期在7～10月份。

30. 狼把草(*Bidens tripartita* Linn.)　菊科，1年生草本植物。株高30～150厘米。叶对生，无毛，叶柄有狭翅，中部叶通常羽状，3～5裂，顶端裂片较大，椭圆形或长椭圆状披针形，边缘有锯齿；上部叶3深裂或不裂；头状花序顶生或腋生，直径1～3厘米；总苞片多数，外层倒披针形，叶状，长1～4厘米，有睫毛；花黄色，全为两性管状花；瘦果扁平，倒卵状楔形，边缘有倒刺毛，顶端有芒刺2枚，少有3～4枚，两侧有倒刺毛。

31. 牛膝菊(*Galinsoga parviflora* Cav.)　菊科，1年生草本植物。叶对生；头状花序小，具柄，近顶生和腋生，异性，放射状；舌状花少数，雌性，1 裂，舌片白色；盘花两性，管状，5 裂；总苞片少数，1～2 裂；花序托圆锥状或长形，有托片；蒴果有角，顶冠以全缘或睫毛状的鳞片。

32. 苍耳（*Xanthium sibiricum* Patrin.）　菊科，1 年生草本植物。幼苗粗壮，子叶椭圆形披针状，肉质肥厚；成株茎直立分枝多，粗壮，具钝棱和长条状斑点，株高 30～100 厘米；叶互生，有长柄；叶片三角状卵形或心形，边缘浅裂或具齿，两面均生有糙伏毛；花单性，浅黄绿色，雌雄同株；雄花头状花序球形，密集在枝端；雌花头状花序椭圆形，生在雄花序的下方，总苞具钩刺，内有 2 花；蒴果包在坚硬的、有钩刺的囊状总苞之中。种子繁殖。

（三）禾本科杂草

1. 稗草［*Echinochloa crusgalli*（Linn.）Beauv.］　1 年生。基部膝曲或直立，株高 50～130 厘米。叶片条形，无毛；叶鞘光滑无叶舌；圆锥花序稍开展，直立或弯曲；总状花序常有分枝，斜上或贴生；小穗有 2 个卵圆形的花，长约 3 毫米，具硬疣毛，密集在穗轴的一侧；颖果米黄色卵形；种子卵状，椭圆形，黄褐色。

2. 狗尾草［*Setaria viridis*（L.）Beauv.］　1 年生。秆直立或基部膝曲，高 30～100 厘米，通常较细弱，有时亦有较粗者径达 4 毫米；叶鞘较松弛，无毛或具柔毛；叶舌具 1～2 毫米长的纤毛；叶片扁平，顶端渐尖，基略呈钝圆形或渐狭，长 5～30 厘米，宽 2～15 毫米，通常无毛；圆锥花序紧密，呈圆柱形，长 2～15 厘米，微弯垂或直立，刚毛长 4～12 毫米，粗糙，绿色、淡色或变紫色；小穗椭圆形，顶端钝，长 2～3.5 毫米。

3. 马唐［*Digitaria sanguinalis*（Linn.）Scop］　1 年生。秆基开始倾斜，着地后节处易生根，光滑无毛，株高 40～100 厘米；叶片披针形条状，两面疏生软毛或无毛，叶鞘较节间短，多生具疣基的软毛；叶舌钝圆，膜质；总状花序 3～10 枚，呈指状排列，下部的近轮生；小穗一般孪生，一个有柄，另一个近无柄；颖果椭圆形，透明；种子繁殖。止血马唐与马唐区别在于总状花序一般仅3～4个，长2～8厘米，穗轴每节着生2～3个小穗；第一外稃5脉，脉间与边缘具棒状柔毛；第二外稃成熟后为黑褐色。

4. 燕麦(*Avena fatua* Linn.)　秆直立，单生或丛生，有2～4个节，株高60～120厘米；叶鞘光滑或基部被柔毛；叶舌膜质，透明；叶片宽条状；圆锥花序呈塔形开展，分枝轮生，小穗疏生；小穗生2～3朵小花，梗长向下弯；两颖近等长，一般9脉；外稃质地坚硬，下部散生粗毛，芒从心体中间略下伸，长2～4厘米，膝曲扭转，内程短；颖果长圆形，被浅棕色柔毛，腹面有纵沟。

5. 牛筋草[*Eleusine indica* (Linn.)Gaerth.]　1年生草本植物。株高15～90厘米；须根细而稠密；秆丛生，直立，或自基部倾斜向四周开展；叶鞘压扁，有脊，无毛或疏生疣毛，鞘口常有柔毛；叶舌长约1毫米；叶片长披针形，扁平或卷折，长达15厘米，宽3～5毫米，无毛或表面常生有疣基的柔毛；穗状花序2至数枚，呈指状着生于秆顶，长3～10厘米，宽3～5毫米；小穗有花3～6朵，无柄，紧密地成双行覆瓦状排列于穗轴一侧，两侧压扁，长4～7毫米，宽2～3毫米；种子卵形，黑褐色，成熟时有波状皱纹，疏松地包裹于质薄的果皮内。花果期6～10月份。

6. 看麦娘(*Alopecurus aequalis* Sobol.)　茎直立或茎基部稍倾斜，少簇生，株高15～45厘米；叶片光滑或表面稍粗糙，叶片扁平，第一叶长3～5厘米，宽0.5～0.8毫米，叶鞘光滑，叶舌膜质，透明；圆锥花序呈狭圆柱形，灰绿色，小穗具1朵花密生在穗轴上；外稃、内稃近等长；颖果卵状至长圆形，腹面有纵沟，浅棕色，长2毫米左右。

7. 金色狗尾草[*Setaria glauca* (Linn.)Beauv.]　1年生。秆直立，高20～90厘米；叶片基部钝圆，先端长渐尖，无毛，下面光滑，上面粗糙；圆锥花序，圆柱状，主轴被微毛；刚毛每束约10条，金黄色或稍带褐色；花期 6～9 月份，颖果；果期 6～9 月份。

8. 画眉草［*Eragrostis pilosa*（Linn.）Beauv.］　1 年生。秆丛生，直立或斜上生，高 20～60 厘米；叶鞘稍压扁，较疏松，光滑或鞘口有长柔毛；叶舌为一圈毛，长约 0.5 毫米，扁平或内卷；圆锥花序较开展，长 15～25 厘米，基部分枝近于轮生，枝腋间有长柔毛；小穗长 2～7 毫米，成熟后暗绿色或带紫色，具 3～14 朵花；颖不等长，顶端钝或第二颖稍尖；花果期 6～9 月份。

9. 光稃茅香（*Hierochloe glabra* Trin.）　多年生，具长的根茎。秆直立，高 10～60 厘米；鞘密生微毛；叶舌长 2～4 毫米；叶片扁平，无毛或表面具微毛，宽 2～8 毫米；圆锥花序卵形，长 4～10 厘米，较疏松；小穗长 2.5～5 毫米，颖膜质，近等长，2 个侧生小花为雄性；雄花外稃者两性花，较雄花稍短，外稃的上部及边缘被毛，具短芒或无芒。花果期 4～7 月份。

10. 毒麦（*Lolium temulentum* Linn.）　幼苗基部紫红色，后变绿色，成株茎秆光滑坚硬，叶片狭而薄，叶背光滑，叶面较粗糙，叶脉明显；比小麦矮或比小麦高，穗形扁狭长，波浪形弯曲，每穗具 8～19 个小穗，每小穗有 2～6 颗籽粒，互生在穗轴上，小穗上籽粒排成 2 行，除顶端小穗有 2 颖外，其他小穗第一颖缺，第二颖大而狭，长短与小穗差不多；籽粒被内、外稃紧包，不易脱离，其腹面可见明显的小穗轴节段，籽粒长椭圆形，腹沟宽，坚硬，无光泽，灰褐色。

（四）莎草科杂草

1. 球穗藨草（*Scirpus strobilinus* Roxb.）秆丛生，株高 2～65 厘米，扁三棱状，叶基生线形，先端渐尖，长 4～30 厘米，宽 1～4.5 毫米，叶鞘紫绿色，伞形花序，苞叶 2～3 片，具 3～8 个不等伞柄，顶端着生多数小穗；小穗长圆形，黄褐色，具红棕色膜质鳞片；每株可产生数万至数十万个小坚果；坚果三棱状倒卵形，浅黄色。

2. 碎米莎草(*Cyperus iria* Linn.)　秆丛生,直立,株高20～85厘米,扁三棱状;叶基生,较秆短,叶鞘红褐色。苞片3～5个,叶状,下部2～3片较花序长;长侧枝聚伞花序复出,有4～9条长短不一的辐射枝,每枝具5～10个穗状花序,个别3个,穗状花序长卵形,有小穗5～12个;小穗长圆形扁平,具花5～22朵;鳞片宽倒卵形,先端略缺,有短尖,背部有绿色龙骨状突起,两侧黄色;小坚果三棱状倒卵形,黑褐色。

3. 香附子(*Cyperus rotundus* Linn.)　多年生。具长匍匐根状茎和黑色而坚硬的卵形块茎;秆散生,直立,锐三棱形;叶基生,短于秆,有光泽;叶鞘基部棕色;叶状苞片3～5个,下部2～3片长于花序;长侧枝聚伞形花序具3～10个长短不等的辐射枝,每枝有3～10个小穗;小穗条形,花6～26朵;小坚果三棱状长圆形,暗褐色,具细点。以块茎和种子繁殖。

(五)寄生性杂草

菟丝子(*Cuscuta* chinensis.)　1年生寄生草本植物,全株无毛。茎细,缠绕,黄色,无叶;花簇生于叶腋,苞片及小苞片鳞片状;花萼杯状,5裂;花冠白色,钟形,长为花萼的2倍,5裂,裂片向外反曲;雄蕊花丝扁短,基部生有鳞片,矩圆形,边缘流苏状;子房2室,花柱2裂;蒴果扁球形,被花冠全部包住,盖裂;种子2～4粒;花期7～9月份,果期8～10月份。

三、杂草防治

大豆田杂草防治如同大豆病虫害的防治工作一样,是大豆稳产和高产的重要保证。在杂草防治策略上也应坚持多种措施相结合的技术和方法,如预防措施、农业措施、化学除草、人工除草等。其中预防措施是前提,轮作和耕作等农业措施是基础,化学除草是主体。

(一)预防措施

1. 加强植物检疫　严格执行国家植物检疫制度,防止大豆菟丝子等检疫性杂草随大豆种子调运而传播蔓延。

2. 精选种子　在播前淘汰混杂于大豆种子中的杂草种子,特别是菟丝子种子。

3. 施用充分腐熟的有机肥　在堆制有机肥过程中极易混进各种杂草种子,因此,在有机肥沤制过程中应使其充分腐熟,使杂草种子丧失萌发能力。

4. 清除农田附近的杂草　清除田边地头杂草可杜绝或减少田外杂草对大豆田的威胁。可采用灭生性除草剂对田边地头进行喷药防治。

(二)农业措施

1. 合理轮作　利用不同作物的杂草群落组成不同的特点,实行合理轮作可有效减轻某些杂草种群的发生和危害。如前茬作物为小麦时,可适当早播和密植,使大豆提早封垄,从而对晚春发生的一年生杂草(如稗、苋、龙葵、鸭趾草等)有较强的抑制作用。

2. 土壤耕作　合理深翻、深松、耙耕、中耕、旋转锄等耕作措施可不同程度地消灭杂草幼芽和植株,也可切断多年生杂草的营养器官。另外,有的地区实行地膜覆盖可借助膜内高温灼伤杀死杂草,防效显著。

3. 人工除草　在大豆苗期或生长期,根据田间杂草发生和危害情况,可结合农事操作,用锄头铲掉豆垄两侧杂草或人工拔除杂草。

(三)化学除草

对大豆田杂草进行化学防治,一定要坚持高效、安全、经济的原则。要求所选用的除草剂防效应在90%以上，而且对大豆和后茬作物无药害，对人、畜安全，不污染环境。在施用除草剂时一定要根据杂草的发生规律和杂草群落组成制定相应的施药技术，用药要适时、适地、适量，严格遵守操作规程，严防药害发生。

1. 土壤处理的除草剂 在禾本科杂草发生严重的田地，在大豆播种前可用氟乐灵、地乐胺、灭草蛭等进行土壤处理；在播后苗前可用普杀特、乙草胺、都尔、拉索等进行地表喷雾。在阔叶杂草发生严重的田地，在大豆播前或播后苗前可用阔叶散、茅毒、氯嘧磺隆、赛克津等进行土壤处理。在禾本科杂草与阔叶杂草混生较重的田地，在播前可用豆乐进行土壤处理，或用氟乐灵、灭草蛭分别与赛克津或茅毒混合进行土壤处理。可混用的除草剂有乙草胺与2,4-D丁酯、乙草胺与赛克津、乙草胺与广灭灵、赛克律与都尔等(表9-1)。

表9-1 几种大豆田土壤处理除草剂配方

序号	药剂及使用剂量 毫升(克)/公顷	防除对象	施药时期
1	72%都尔或普乐宝1500～2000+48%广灭灵500～600+75%宝收15～20	1年生禾本科、阔叶杂草，结合深翻对苣荬菜、刺儿菜、问荆、大蓟等多年生杂草有较好的防效	秋施药、播前、播后
2	72%都尔或普乐宝1500～2000+48%广灭灵500～600+50%速收70～90		
3	72%都尔或普乐宝1500～2000+48%广灭灵500～600+80%阔草清24～30克		
4	72%都尔或普乐宝1500～2000+75%宝收15～20+70%嗪草酮300～400	1年生禾本科、阔叶杂草	播前、播后
5	72%都乐或普乐宝1500～2000+75%宝收20～25		

2. 茎叶处理的除草剂 在禾本科杂草发生严重的豆田，可用

高效盖草能、双草克、精稳杀得、精禾草克、禾草灵、拿扑净、威霸进行茎叶喷雾。在阔叶杂草发生严重的豆田，可用苯达松、虎威、克阔乐进行茎叶喷雾(表 9-2)。

表 9-2　几种大豆田茎叶处理的除草剂配方

序号	药剂及使用剂量 毫升(克)/公顷	防除对象	施药时期
1	12.5%拿扑净 1500～2000＋48%苯达松 2000～3000	1 年生禾本科、阔叶杂草及多年生的苣荬菜、刺儿菜、问荆、大蓟等	大豆苗后早期，大豆 2～3 片复叶期，阔叶杂草 2～4 叶期、禾本科杂草第一分蘖期以前、大多数杂草出齐
2	12.5%拿扑净 1500～2000＋48%苯达松 1500＋25%虎威 600～700		
3	15%精稳杀得 750～1000＋48%苯达松 1500＋25%虎威 600～700		
4	15%精稳杀得 750～1000＋48%苯达松 2000～3000		
5	12.5%拿扑净 1500＋48%苯达松 1500＋48%广灭灵 600～700	1 年生及多年生禾本科、阔叶杂草	
6	15%精稳杀得 1000＋48%苯达松 1500＋48%广灭灵 600～700		

3. 难治杂草的化学防治

(1)大豆菟丝子　在菟丝子缠绕豆株并开始转株危害时喷 10%草甘膦水剂 400～500 倍液。喷药时应避开大豆生长点，低剂量草甘膦可有效防除大豆菟丝子，对大豆安全。

(2)芦苇　在大豆 1～3 片复叶期，用 35%精稳杀得乳油 3 升/公顷，或用 5%精禾草克 1.5～2.0 升/公顷。

(3)鸭跖草　在大豆苗后防治鸭跖草应于 3 叶期前进行防治。有效药剂有 25%虎威(氟磺胺草醚)1.25～1.5 升/公顷，48%排草丹(灭草松)2.5～3.0 升/公顷，44%克莠灵 2.0 升/公顷。另外，每公顷用48%广灭灵0.6～0.75升加48%排草丹1.5升的混合使用方法可取得较好的防效。

(4)苣荬菜、刺儿菜、大刺儿菜　在大豆苗后，于苣荬菜、刺儿菜、大刺儿菜8个叶以前用药，用药方法为每公顷用48%广灭灵0.6～0.75升加48%排草丹(灭草松)1.5升。

(5)问荆　在大豆苗后2片复叶期用药，用药方法为每公顷用48%广灭灵0.6～0.75升加25%虎威0.75～1升。

(6)苍耳　排草丹和克莠灵是防治苍耳的特效药。用药方法为48%排草丹(灭草松)1.5～2升/公顷或44%克莠灵1.5升/公顷。另外，采用混配方法提高防效，用药方法为每公顷用48%广灭灵0.6～0.75升加48%排草丹(灭草松)1升，或44%克莠灵1升、25%虎威(氟磺胺草醚)0.75升。

在应用化学除草剂防治豆田杂草时一定要注意安全，避免产生药害，在具体用药方法上，请多参考除草剂的使用说明书。

思考题

1. 杂草对大豆的危害有哪些？
2. 常见大豆田杂草有哪些？
3. 大豆田杂草防治措施有哪些？
4. 常用大豆田除草剂有哪些？
5. 如何防治大豆菟丝子？

第十章　大豆病、虫、草害的田间调查和综合防治

一、田间调查的目的

大豆是我国重要的油料作物之一，做好大豆病、虫、草害的田间调查可及时发现和掌握大豆生产过程中发生的各种问题，对于提高大豆病、虫、草害预测预报的准确率，指导农民适时防治这些有害生物，减少施药次数和用药量，防止农药污染农产品和生态环境，提高大豆产量和质量，并提高经济效益等都具有重要意义。

田间调查的目的就是要全面地掌握大豆生长发育过程中的各个影响因素，如田间温度、水分、营养状况、病、虫、草害发生情况等，然后，结合气候条件，预测和分析可能出现的病、虫、草害及其发生发展趋势，及时制订科学和有效的防治措施。大豆植保员应经常深入大豆田间，及时调查病、虫、草害发生的种类、危害情况、分布区域及发生规律等，及时做好调查记录和整理好资料数据，为制订病、虫、草害的防治方案提供科学依据，争取做到田间病、虫、草害的早诊断早防治，及时控制病、虫、草害的发生和发展，有效减轻有害生物造成的经济损失。

二、田间调查的方法

要准确地掌握大豆病、虫、草害的发生和发展规律，必须采用科学的调查方法。在调查之前，除准备好调查用具外，要明确调查内容，拟订合理的调查方案，制订好调查表格。田间调查通常分为

基本情况调查和重点调查两类，前者也称为一般调查或普查，主要是了解大豆病、虫、草害的种类、分布及危害情况等；后者又称专题调查或系统调查，即在一般调查的基础上，选择重要的病、虫、草害，进行深入和系统地调查，包括其分布、发生程度、发生规律以及防治效果等，要求多次调查，数据详细和准确，为深入分析和决策提供可靠资料。

由于大豆病、虫、草害的种类不同，它们在田间的发生和分布情况可能也存在不同，因此了解大豆病、虫、草害的田间分布类型是确定正确取样方法的主要依据。大豆病、虫、草害在田间的分布类型有随机分布型、核心分布型和嵌纹分布型。随机分布型是指病、虫、草在田间分布呈比较均匀的状态；核心分布型是指病、虫、草在田间的分布呈多个中心或核心，并向四周扩散和蔓延；嵌纹分布型是指病、虫、草在田间分布疏密互间、密集程度极不均匀，呈嵌纹状。

大豆病、虫、草害的田间调查是一项繁重和需要细心的劳动，一定要有严谨的工作态度和科学有效的调查方法。在进行大豆田间病、虫、草害调查时，很难进行全面逐株调查，通常需要抽取一部分样本来估算总体情况。在进行大豆病、虫、草害调查时，一般采用五点式取样、单对角线式取样、双对角线式取样、棋盘式取样、分行式取样和“Z”字形取样等。前 3 种取样方法适用于随机分布型的病、虫、草害的调查；棋盘式取样和分行式取样适用于核心分布型的病、虫、草害的调查；“Z”字形取样适用于嵌纹分布型的病、虫、草害的调查。一般来说，应该根据大豆病、虫、草害的种类及其在田间分布类型来确定采取哪种方法进行抽样和调查，只有这样才能获得可靠的数据和做出正确的评估。调查样本可以植株、叶片、豆荚等作为计算单位。

三、田间调查资料的统计

在获取大豆病、虫、草害发生发展的真实数据后，需要进行科学的统计和计算工作。只有掌握了科学的资料统计方法，才能准确地分析大豆病、虫、草害的发生和发展规律，从而才能制订正确和有效的防治措施。因大豆病、虫、草害的种类或生活史的不同而采用灵活的统计单位。

（一）虫害调查

主要是调查虫口密度和有虫株率。虫口密度是指单位面积或单个植株上害虫的平均数量，它表示害虫发生的严重程度；有虫株率是指有虫株数占调查总株数的百分数，它表明害虫在田间分布的均匀程度。

$$\text{虫口密度(头/米}^2\text{)}=\frac{\text{调查总活虫数}}{\text{调查总面积}}$$

$$\text{单株虫口密度}=\frac{\text{调查总活虫数}}{\text{调查总株数}}\times 100\%$$

$$\text{有虫株率}=\frac{\text{有虫株数}}{\text{调查总株数}}\times 100\%$$

（二）病害调查

作物病害调查一般采用发病率和病情指数来评价病害发生的严重程度。

1. 发病率　指发病植株数占调查植株总数的百分数，主要用来表明病害发生的普遍程度。

$$\text{发病率}=\frac{\text{发病植株数}}{\text{调查植株总数}}\times 100\%$$

2. 病情指数 用来表明病害发生的普遍程度和严重程度的综合指标，常用于植株局部受害且各植株受害程度不同的病害。其测定方法是：先将调查样地内的植株按病情分为健康、轻、中、重、枯死等若干等级，并以数值 0、1、2、3、4 代表，统计出各级株数后，按下列公式计算：

$$病情指数=\frac{\Sigma(病害级别代表值\times该级样本植株数)}{最高级代表值\times调查总样本植株数}\times100$$

在进行大豆田间病虫害调查时，常用的调查内容见如下表格（表 10-1，表 10-2）。在调查时要记好调查日期、地点、调查对象名称、调查项目等。

表 10-1 大豆虫害田间调查记录表

调查时间： 调查地点： 害虫名称：

样点	植株号及害虫数量	合计
	1 2 3 4 5 6 ……………………………………… 20	
Ⅰ Ⅱ Ⅲ Ⅳ Ⅴ		

表 10-2 大豆病害田间调查记录表

调查时间： 调查地点： 病害名称：

样点	植株号及病害数量	合计
	1 2 3 4 5 6 ……………………………………… 20	
Ⅰ Ⅱ Ⅲ Ⅳ Ⅴ		

将田间调查所获取的数据资料，根据前述公式进行计算，对于虫害要算出虫口密度和有虫株率，对于病害要算出发病率和病情指数，并填写结果，整理到相关表格（表 10-3，表 10-4）中，通过对病、虫害发生的普遍程度和严重程度的比较，并结合相关的气候资料，分析病、虫害的发展趋势。

表 10-3　虫害调查结果整理表

调查日期	调查地点	害虫名称	调查总株数	调查总面积	活虫总数量	有虫总株数	有虫株率	单株虫口密度	单位面积虫口密度

表 10-4　病害调查结果整理表

调查日期	调查地点	病害名称	调查总株数	调查总面积	感病总株数	发病率	严重度分级及各级株数						病情指数
							0	1	2	3	4	5	

四、综合防治的主要措施

大豆病、虫、草害的种类较多，如果防治不及时，对大豆生产造成的损失会是巨大的。尽管每种病、虫、草害发生的规律各有特点，但在防治上应主张采取综合的防治措施，要结合农时，适时防治生产上的主要病、虫、草害，努力争取做到用最小的成本取得最大的经济收益。

在大豆生产上，应优先选用优质、高产、抗病虫品种和注意轮作倒茬等栽培措施，其次，在播种时针对当地的主要病、虫、草害，对种子进行包衣处理或随播种施用杀线虫或地下害虫的颗粒剂，注意施足基肥，尤其是磷肥或有机肥，以培育壮苗为目的。针对当地发生的主要杂草种类选择合适的除草剂进行苗后处理，避免除草剂药害的发生。在大豆生长期注意防治大豆蚜、食心虫等虫害及大豆霜霉病、灰斑病、病毒病等病害。在实际操作过程中，应注意利用天敌昆虫防治害虫，尽可能创造适于大豆生长发育而不利于病、虫、草害发生的环境条件。在无其他更好措施的情况下，适时和适量地施用化学农药进行防治，同时要尽量采用高效、低毒、低残留的农药，或采用生物防治法代替化学防治。

随着我国国民经济的快速发展和人民生活水平的显著提高，人们对无公害或绿色食品或更高级别的有机食品的需求越来越多，这就对大豆病、虫、草害的防治提出了更高的要求。目前，国际上对农作物生产的总体要求是减少化学农药或化肥的施用量，减少农药残留和残毒，保证和提高农产品的质量，这已成为我国乃至全世界认真对待的食品安全问题。因此，我们的祖先总结出的"选用抗病虫品种、合理轮作、合理施肥、合理密植、适时播种、及时中耕除草、秋后深翻、保护天敌"等传统农业措施，在科技如此发达的今天依然大有用武之地。另外，生物防治方法已成为世界上各国农作物病、虫、草害防治的发展方向。目前，在我国已研制出了许多生物制剂，如专门用于防治害虫的青虫菌、杀螟杆菌、白僵菌等，在大豆生产上得到了广泛应用，并取得了良好的防治效果。

五、综合防治措施的制订与实施

大豆植保员应经常深入田间做好田间调查工作，对大豆病、虫、草害做好准确诊断和测报工作，全面掌握病、虫、草害的发生规律，根据具体环境条件（气象）及时制定科学有效的综合防治措施，指导农民及时防治病、虫、草害。下面以大豆生产上的几种重要病、虫、草害为例加以说明。

（一）大豆根腐病

该病是一种全球性大豆根部病害，广泛分布于世界各地。在我国大豆主产区的黑龙江省，由于近年来种植面积的不断扩大，重茬和迎茬面积不断增加，导致大豆根腐病发生日趋严重。感病品种的产量损失一般为 5%～10%，严重的可达 90%以上，甚至绝收。大豆根腐病的综合防治应注意以下几点。

1. 选用抗耐病品种 防治大豆根腐病最有效的措施是选用抗病品种，如绥农 10 号等。

2. 加强农业栽培管理 ①与禾本科作物实行 3 年以上轮作。②播种选用饱满、无伤的种子，适当晚播，控制播深。③增施有机肥。④加强田间管理，实行深耕，提高整地质量，改善土壤通气条件，及时排水，避免田间积水。

3. 化学防治 ①用含福美双等杀菌剂的种衣剂拌种，其用量与种子的比例为 1∶50～70，防治镰孢菌根腐病菌的效果可达 70%。②用含瑞毒霉或甲霜灵的种衣剂拌种，防治腐霉根腐病菌及疫霉根腐病菌的效果高达 80%～90%。此外，还有多种药剂可用于拌种防治根腐病，如 50%多福合剂可湿性粉剂，按种子量的 0.4%拌种；菌克毒克（2%宁南霉素水剂）按种子量的 1%拌种；50%福美双可湿性粉剂或 50%多菌灵可湿性粉剂按种子量的

0.5%拌种;35%多克福大豆种衣剂拌种。

4. 生物防治 大豆根腐病是典型的土传病害,可采用生物防治的方法控制该病的发生。C95 制剂是从国外引进的一种生物活性制剂,具有抗菌活性和兼具化学免疫功能,可诱导植物体产生抗性,提高植株的抗病性。不同浓度的 C95 制剂对大豆根腐病均有较好的生物防效,其中以 0.02%的 C95 拌种防效最好。此外,采用毛壳菌粉剂也可有效地防治该病,防效达到 63.5%～70.4%。

(二)大豆胞囊线虫病

该病是大豆生产上最为重要的病害之一,发生和分布非常普遍,为害严重,特别连作更能加重其为害。在一般年份该病可造成减产 10%～30%,在严重发生地块可减产 40%～50%。大豆胞囊线虫病的防治应注意以下几点。

1. 选用抗耐病品种 选用抗耐病品种是防治大豆胞囊线虫病的根本措施。如嫩丰 14、抗线 1 号等抗病品种在黑龙江省西南部地区得到推广,在发病条件下较常规品种增产 20%～50%。为防止品种的抗性过早丧失和延长抗病品种的使用年限,应交替使用抗病品种和耐病品种。

2. 加强农业栽培管理 ①合理轮作,与非寄主作物实行 3～4 年的轮作是防治或减轻大豆胞囊线虫病及其他病虫害的重要措施。②增施有机肥,合理施用化肥、微肥。增施有机肥能增强大豆植株的抗病或抗逆能力,从而降低大豆胞囊线虫病的危害程度。

3. 生物防治 目前,在生产上广泛应用的防治大豆胞囊线虫病的生防制剂较少,多数在试验和研制阶段。由黑龙江省农垦科学研究院研制的“大豆保根菌剂”对大豆胞囊线虫病具有很好的防治效果,可拌种或随播种施用。

4. 化学防治 多采用种衣剂拌种方法防治。选用 35%呋喃丹的种衣剂或用 30%～35%呋喃丹为主的多福复合型种衣剂,按药：种子＝1：50的比例，在播种前至少2天以前拌种，可有效地控制线虫的为害；另外，对苗期害虫也有较好的防效。因呋喃丹为剧毒农药，在使用时一定要认真操作，防止人、畜中毒或污染水源或环境。

(三)大豆食心虫病

大豆食心虫是大豆生产中为害最突出的害虫之一，严重影响大豆产量和品质。其老熟幼虫在大豆根际土壤中越冬，翌年7月下旬化蛹，8月上旬为成虫盛发期，8月中旬至8月下旬是幼虫为害期，9月上旬老熟幼虫开始入土越冬，翌年继续为害，其为害程度取决于化蛹与羽化期土壤含水量和大豆品种，若豆荚上茸毛少，化蛹羽化期含水量适中时，食心虫发生和为害严重。大豆食心虫的防治应注意以下几个时期。

1. 成虫发生盛期 做好成虫盛发期的预测预报工作至关重要。从8月初开始每天于午后日落之前调查成虫蛾量，当田间蛾量突然增加，出现打团现象时即成虫盛发期(为8月12～18日)。此时采用的防治方法是：①敌敌畏药棍熏蒸。②喷施杀虫剂，如25%快杀灵乳油或其他菊酯类药剂，每667平方米用药量25～30毫升，经对水后用背负式喷雾器将喷头朝上，从豆根部向上喷，使叶片背面着药。

2. 幼虫入荚前 食心虫在幼虫孵化后，在豆荚上爬行的时间一般不超过8小时，然后钻入豆荚内。因此，在防治幼虫时必须做好田间调查，当豆荚上见卵时即可喷施菊酯类药剂进行幼虫防治，要使豆荚部位着药均匀，其防治效果可达80%。

3. 大豆收获后 一般年份于9月份收割大豆，此时部分食心虫仍未脱荚，这时若不及时脱粒，食心虫在荚内还可继续为害，并陆续脱荚入土。在大豆收获期进入场院前，用21%灭杀毙乳油1 500倍液或其他杀虫剂浇湿大豆垛底土，保持湿土层深3厘米左右，并用木磙压实，然后将收回的大豆垛在上面，这样可将后期脱荚的食心虫杀死在垛底的药土层中，可显著减少翌年的虫源。

(四)豆田杂草

发生在大豆田的杂草种类较多，如稗草、鸭跖草、藜、苍耳、反枝苋、苘麻、狗尾草、龙葵、问荆、野黍、本氏蓼、荞麦蔓、香薷、水棘针、大蓟、凤花菜、马唐、牛筋草、铁苋菜、马齿苋、莎草、香附子、鸡眼草、白茅、地蓼、狗牙根、小蓟、画眉草、小旋花、地锦、灰绿藜、千金子、棒头草、叶蓼等。尽管不同栽培地区的杂草种类不尽相同，但豆田杂草一般以单子叶植物为主，约占大豆田杂草的70%。

在大豆田人工除草，劳动强度大，费工费时，除草后易于杂草再次发生；而采用化学除草剂除草，则省工省时，但易于产生药害或污染生态环境，同时还要求较高的使用技术；另外，由于除草剂具有选择性，只对某一类杂草有效，而对另一类杂草无效，所以对有些恶性杂草难以防除，尤其对同是双子叶植物的阔叶杂草的防治比较困难，掌握不好施药技术则会对大豆产生药害。豆田杂草的防除应注意以下两点。

1. 农业防除措施 ①播前深翻土地。在田间杂草种子多分布在0～20厘米的土层中，其中以0～10厘米的土层中居多。因此，在播种前深翻土地可将浅层杂草种子翻入深层，从而不利于其萌发。②苗后耙地除草。③适时早播。适时早播可使大豆早发育和提早封垄，易于大豆苗形成群体优势，抑制杂草的生长。④合理密植。适当密植可以使大豆充分利用单位面积的养分、水分和光照等条件，形成群体优势，增强大豆的田间竞争能力，恶化杂草的生存环境，从而抑制杂草的生长势，降低杂草的发生密度。

2. 化学防除技术 ①播前土壤处理。用于大豆播种前土壤处理的主要除草剂和用法(有效成分，在实际应用中注意换算)为氟乐灵750～1 500克/公顷、灭草蜢1 950～2 550克/公顷、广灭灵

600～1 200 克/公顷或除草通 975～1 200 克/公顷，对水 375～525 升/公顷。其使用技术为：在大豆播种前 2～3 天均匀喷施土壤表面，然后立即耙地拌土，深度以 5 厘米为宜，以防除草剂的药液挥发和光解，然后镇压播种。氟乐灵和灭草蜢对 1 年生禾本科杂草有特效，广灭灵可以防除稗草、狗尾草及一些阔叶杂草，但对后茬作物小麦可能会产生药害，应注意调整后茬作物。②播后苗前处理。于大豆播种后出苗前处理土壤，常用的除草剂主要有百草清、拉索、都尔、草甘膦、扑草净、乙草胺、塞克津、豆科威、利谷隆等。如果长期干旱，施药时要进行浅混土。塞克津主要用于防治 1 年生阔叶杂草，百草清和草甘膦为内吸灭生性除草剂，可以兼治多种杂草，适宜在杂草出苗后大豆出苗前使用。③苗后茎叶处理。在大豆出苗后使用的除草剂均为茎叶处理剂，一般要求在大豆 1～3 片复叶、杂草 2～5 叶期用药，草龄大则适当增加用药量。施药时应选择在晴好天气的上午 9 时以后为宜，有利于提高对杂草的防效。用于苗后茎叶处理防除禾本科杂草的除草剂有金禾草克、精稳杀得、精喹禾灵、高效盖草能、精禾草克、拿扑净等。其中以高效盖草能、精稳杀得的除草效果最好。用于苗后防除阔叶杂草的除草剂有克莠灵、虎威、苯达橙、杂草焚、阔叶散等。

思考题

1. 大豆田病、虫、草害调查的目的是什么？

2. 田间调查方法有哪些？

3. 如何进行田间调查资料的统计和分析？

4. 以大豆田发生的主要病、虫、草害为例，如何拟订综合防治措施？